이 책을 먼저 만나 본 사람들의 추천의 글

엄마표 영어로 아이의 [illegible] 길 권합니다. 엄마표 영어는 누구나 시작할 수 있 [illegible] 하던 엄마표 영어의 방향을 잃고 표류하고 있을 무렵 [illegible] 었습니다. 저도 좀더 힘을 내서 우리 아이들 영어 교육에 에너지를 [illegible] 었어요.

_네 아이 엄마

엄마표 영어 7년차를 진행하는 동안 엄마가 노력한 만큼 아웃풋을 내주는 아들에게 감격하기도 했고, 또 영어거부기가 와서 당황했던 추억이 떠오릅니다. 이 책은 처음 엄마표를 시작하는 엄마부터 저처럼 이미 하고는 있지만 잘하고 있는 건지 의심하는 엄마, 체계적이거나 꾸준하게 하지 못하는 엄마들에게 동기 부여를 해주고 실천력을 고취시켜줍니다. 단계별로, 연령별로, 노출 기간별로 세심하게 가이드해주어서 적잖이 놀랐습니다. 솔직히 저는 초등 저학년까지만 하고 그 이후는 학원이나 학습지에 맡기려고 했는데, 이 책을 읽고 다시 엄마표의 끈을 놓지 않겠다는 다짐을 하게 되었습니다.

_우아한 그녀

첫째 여섯 살 즈음에 영어 동요로 엄마표 영어를 시작했어요. 아이들이 집에 오기 전에 미리 율동도 익히고 책도 먼저 보면서 의욕이 충만했죠. 하지만 몇 달이 지나 아이가 시들해지니 엄마인 저도 의욕이 상실되더군요. 이번에 이 책을 읽고 다시금 자신감을 얻었습니다. 학원과 엄마표 사이에 갈등하고 있었는데, 파트 2의 영어 수업 대본을 읽고 집에 있는 책들을 보니 저 혼자서도 충분히 할 수 있겠다는 생각이 들었습니다. 저처럼 영어 모르는 엄마들이 활용하기 좋은 책인 것 같아요!

_은딸두맘

엄마표 영어의 길잡이 같은 책이네요. 엄마표를 처음 시작하면 두렵고 어떻게 할지 모를 때가 정말 많은데, 이 책은 시기별로 제시해주고 있어 이대로 따라 한다면 어렵지 않게 할 수 있을 것 같아요. '파트 1 엄마표 영어시작하기!' 이 부분은 정말 줄을 긋고 또 봐야 하는 부분이 아닐까 하는 생각이 듭니다. 시간도 구체적으로 등원 전 30 분, 하원 후 30분, 저녁 먹기 전 30분, 매일 3번을 이렇게 자세히 알려주시고 막연하게 나와 있지 않아서 좋아요. 엄마와 아이가 엄마표 영어를 할 준비가 되었다면 바로 따라해보세요.

_콩콩이 마미

열한 살, 여섯 살 두 아이를 키우고 있습니다. 큰 아이는 어릴 적부터 엄마표 영어를 시작하여 일정한 영어 독서 레벨에 도달하였는데, 문법을 어떻게 잡아주어야 할지 고민하던 차에 이 책을 읽게 되었습니다. 일정한 수준에 도달한 아이들은 어떠한 방법으로 영어를 심화, 확장시켜야 하는지에 대한 감이 확실하게 잡혔습니다. 더불어 이제 여섯 살인 둘째에게는 이 책에서 제시한 방법대로 파닉스부터 차근차근 엄마표 영어를 시켜보려고 합니다. 이 책의 가장 큰 장점은 수준별로 적용 방법이 세분화되어 있기 때문에 자녀가 어느 단계인지 엄마가 파악한 후 단계에 맞춰 바로 적용할 수 있다는 점입니다.

_유키

우리나라는 유독 영어 교육에 관심이 많죠. 우리 아이는 따로 학원도 다니지 않고 엄마가 스토리북만 읽어준 상태에서 초등학교에 입학했어요. 영어유치원이나 영어조기교육을 받은 아이들에 비하면 리딩도 스피킹도 안 되지만 아이들마다 급속히 몰입되는 시기가 있기에 이 책에 나온 방법대로 꾸준히 실행하고, 소개한 책을 읽다 보면 어느새 아이의 자신감과 실력이 부쩍 자라있을 것 같습니다. 좋은 글 감사합니다.

_최혜진

영어에 관심이 많아서 아이에게도 영어 노출을 조금 어릴 때부터 시작했지만 그 다음에 어떻게 이어가야 할지 몰랐어요. 이 책을 꼼꼼히 읽어보면서 어떻게 하면 우리 아이에게 도움이 될지 절로 생각이 정리가 되더군요. 특히 하루 30분씩 영어 수업을 진행할 수 있도록 영어 대화 전문을 소개한 부분은 정말 많은 도움이 되었습니다.

_다시맘

아이들을 아직 학원에 안 보내고 있긴 하지만 제가 엄마 선생님으로서 명확한 학습 목표와 계획을 가지고 꾸준히 하는 건 아니어서 늘 죄책감 같은 것이 있었습니다. 지금까지 했던 제 엄마표 영어의 성적은 무척 초라했어요. 잘하고 싶지만 가장 큰 문제는 '꾸준히'가 안 되는 것이었지요. 이 책은 지금 당장 시작할 수 있는 현실적인 조언과 구체적인 엄마표 가이드가 들어 있어 좋습니다. 특히 파트 2에 영어 수업 전반에 일어날 법한 영어 대화가 수록되어 있어 원어민 영어 수업 부럽지 않은 엄마표 영어 교실을 시도해볼 수 있어요. 형제가 있다면 형제와 함께, 혹은 친구와 함께 그룹 수업을 해도 재미있을 것 같아요.

_명륜맘

첫째 때 나름 엄마표로 영어를 진행했는데, 힘들고 잘 안 되었습니다. 결국 학원을 다니게 됐고, 언어로서의 영어를 익히기보다 영어 공부법에 머물러 있는 듯해서 안타깝고 답답한 마음이 드는 요즘이었습니다. 이 책을 통해 체계적으로 잘 잡힌 엄마표 영어법을 소개받은 느낌입니다. 연령별, 상황별 방법이 구체적이고 교재나 DVD 추천도 있어 편하게 시작할 수 있을 것 같아요. **_둥이**

단계별로 참고할 수 있는 영어책 리스트를 제공하고 있어 체계적으로 따라하기 좋아 보입니다. 파트 2에 있는 교구 만들기나 수업에 필요한 예문들은 엄마표 수업을 실제로 적용하기 쉬울 것 같은 기대감을 주네요. 파트 2가 특히나 매우 실용적입니다! 엄마표 영어 가이드를 친절하게 제시해주어 엄마가 영어에 자신이 없더라도 이대로 따라가기만 해도 될 것 같은 자신감이 생겼습니다.

_기형제맘

영어 수업 진도표

수업 차시	체크	날짜
Lesson 01		월 일
Lesson 02		월 일
Lesson 03		월 일
Lesson 04		월 일
Lesson 05		월 일
Lesson 06		월 일
Lesson 07		월 일
Lesson 08		월 일
Lesson 09		월 일
Lesson 10		월 일
Lesson 11		월 일
Lesson 12		월 일
Lesson 13		월 일
Lesson 14		월 일
Lesson 15		월 일
Lesson 16		월 일

듣고, 읽고, 놀다 보면 영어가 되는
실현 가능한 영어 교육법

엄마가 시작하고
아이가 끝내는
엄마표 영어

엄마가 시작하고 아이가 끝내는 엄마표 영어

: 듣고, 읽고, 놀다 보면 영어가 되는 실현 가능한 영어 교육법

초판발행 2019년 4월 22일

지은이 김정은 / **펴낸이** 김태헌

총괄 임규근 / **책임편집** 권형숙 / **편집** 김희정, 김지수 / **교정** 박성숙 / **디자인** 원더랜드 / **영어 멘티** 유수민

영업 문윤식, 조유미 / **마케팅** 박상용, 조승모, 박수미 / **제작** 박성우, 김정우

펴낸곳 한빛라이프 / **주소** 서울시 서대문구 연희로2길 62

전화 02-336-7129 / **팩스** 02-325-6300

등록 2013년 11월 14일 제25100-2017-000059호 / ISBN 979-11-88007-27-1 13590

한빛라이프는 한빛미디어(주)의 실용 브랜드로 우리의 일상을 환히 비추는 책을 펴냅니다.

이 책에 대한 의견이나 오탈자 및 잘못된 내용에 대한 수정 정보는 한빛미디어(주)의 홈페이지나 아래 이메일로 알려주십시오. 잘못된 책은 구입하신 서점에서 교환해 드립니다. 책값은 뒤표지에 표시되어 있습니다.

한빛미디어 홈페이지 www.hanbit.co.kr / **이메일** ask_life@hanbit.co.kr

한빛라이프 페이스북 @hanbit.pub / **인스타그램** @hanbit.pub

Published by HANBIT Media, Inc. Printed in Korea

지금 하지 않으면 할 수 없는 일이 있습니다.

책으로 펴내고 싶은 아이디어나 원고를 메일(writer@hanbit.co.kr)로 보내주세요.

한빛라이프는 여러분의 소중한 경험과 지식을 기다리고 있습니다.

듣고, 읽고, 놀다 보면 영어가 되는
실현 가능한 영어 교육법

엄마가 시작하고
아이가 끝내는
엄마표 영어

김정은 지음

HB 한빛라이프

▶ 프롤로그 ◀

영어, 엄마가 끌고 가는 공부가 아닌 아이의 즐거운 습관

중학교 2학년인 우리 집 큰아이는 매일 아침 6시 〈조승연의 굿모닝팝스〉로 하루를 시작한다. 하교 후에는 유튜브 영어 동영상을 시청하며 휴식을 취하고, 친구들과 나누고 싶은 영상이 있으면 다운로드하여 동영상 편집기로 한글 자막을 넣기도 한다. 세컨드 잡으로 영상번역가를 꿈꾸기에 조금씩 연습하고 있다. 주말에는 영어 전문 도서관에서 영어 그림책 스토리텔러로도 활동한다.

초등학교 4학년인 작은아이는 아침 시간에 영어로 말을 건다. 작년에 학교 원어민 선생님으로부터 발음이 좋고 고급 영어를 구사한다는 칭찬을 듣고 나서 생긴 변화다.

두 아이의 하루는 10년 전에 내가 '엄마표 영어'를 해보겠다고 마음먹은 날 꿈꾸었던 장면 그대로다. 나는 영어가 엄마가 끌고 가는 것이 아니라 아이의 즐거운 습관이 되길 바랐다. 다섯 살이던 큰아이가 중학교 2학년이 되고 한 살이던 작은아이가 초등학교 4학년이 되기까지 10년. 엄마를 따라 영어 노출을 시작해 영어 학원을 다니거나 어학연수를 다녀오지 않았지만, 영어 말하기 대회에서 1등을 하고 스티브 잡스의 스탠퍼드 대학 연설을 따라 하며 영문으로 에세이도 쓰게 되었다.

영어, 무조건 빨리가 답일까?

학창 시절 나는 영어 선생님을 짝사랑했다. 영어 선생님이 좋아서 중고등학교 시절 대부분의 시간을 영어를 공부하는 데 쓰다 보니 자연스럽게 영어가 좋아졌다. 이후 영어 공인인증 시험에서 우수한 성적을 받았고, 외국계 기업에 입사했다. 당시엔 전 세계를 누비며 영어로 '쏼라 쏼라' 할 일만 남은 줄 알았다.

"I'm sorry. I can't hear you. Can you email me?"

(미안하지만 잘 안 들려서요. 이메일로 보내주시겠어요?)

직장에서 이 말을 입에 달고 살았다. 그때 알았다, 나는 영어 '읽기'와 '쓰기'에만 능한 사람이라는 것을. 이후 다른 직장에서 장기 해외 출장을 다니면서 현장에서 부딪치며 생존 영어를 체득했지만 '듣기'와 '말하기'에 취약한 반쪽짜리 영어 실력은 결정적인 순간에 늘 내 발목을 잡곤 했다.

나는 궁금했다. 공교육을 충실히 따른 내가 지금까지 무슨 잘못을 한 걸까? 듣기, 말하기, 읽기, 쓰기를 다 잘하는 사람은 진정 선택된 자인가? 영어, 지금 다시 시작해도 늦지 않은 걸까?

일생일대의 질문을 해결하기 위해 출장지에서 영어를 잘하는 외국인을 만나면 인터뷰를 시도했다. 이들은 공통적으로 초등학교 저학년 때 처음으로 영어에 노출되었고, 이해 가능한 수준의 인풋에 지속적으로 노출됐다고 했다. 이를 바탕으로 성인이 될 때까지 장기간 강한 동기와 목적의식을 가지고 아웃풋 훈련을 한 것은 물론이다. 고민을 거듭하던 나는 '태어나자마자 영어에 노출되면 영어를 모국어처럼 구사하게 될까'라는 질문에 다다랐고, 막연한 기대를 품고 TESOL(Teaching English to Speakers of Other Languages, 영어를 모국어로 하지 않는 사람에게 영어를 가르치는 교수법을 배운다) 자격을 취득했다. 그러나 자격증 취득 후 유치원에서 5~7세 아이들을 대상으로 영어 수업을 하면서 조기 영어 교육의 효과에 강한 의심이 들었다. 이 아이들이 숫자나 동물, 신체 활동 등과 관련된 100~200단어 수준의 유아 영어를 구사한다고 해서 원어민성을 획득했다고 할 수 있을까? 오랜 시간 노력을 들이지 않고 그저 일찍 배운다고 해서 영어를 원어민처럼 구사한다면 그게 더 이상한 일 아닐까?

노암 촘스키의 '언어 습득 장치 이론(1959)'과 에릭 렌네버그의 '언어 습득의 결정적 시기 가설(1967)'은 조기 영어 교육에 힘을 실어준다. 유아기에 영어를 배우지 않으면 영영 못 배울 것 같은 느낌마저 들게 한다. 가설대로 자동 언어 습득 장치가 인간의 뇌에 부착되어 있어서 결정적 시기에 원하는 언어를 노출하기만 해도 언어를 습득할 수 있다면 얼마나 좋을까? 하지만 지난 50여 년 동안 언어 습득 장치와 결정적 시기는 검증되지 못했고, 조기 영어 교육의 효용성에 대한 학자들의 찬반양론은 여전히 첨

예하게 대립하고 있다.

취학 이전과 이후, 방법을 달리해보자

큰아이가 다니는 초등학교에서 '영어책 읽어주는 엄마'로 봉사활동을 하다 초등학교 영어 강사로 채용돼 영어 방과후 수업을 한 적이 있다. 이때 나에게 주어진 미션은 "학생 간 영어 실력의 격차를 좁혀라."였다. 학교 밖에서 영어 노출 경험이 전혀 없었던 초등학교 1~6학년 아이들이 학교 영어 수업을 무리 없이 따라가고, 더 나아가 영어를 잘하는 아이들만큼 영어 실력을 갖출 수 있도록 '단시간에 최대한의 아웃풋을 내는 방법'을 고민해서 '따뜻한 나눔이 함께하는 Hungry for English'라는 프로그램을 만들었다. 파주시 4개교에서 운영했고, 그해 우수 프로그램 운영자로 선정돼 경기도교육감상 최우수상을 받았다. 이 프로그램은 파닉스와 회화로 영어 기본기를 먼저 닦은 다음, 매일 국내외 사이트에서 무료로 제공하는 자료를 이용해 스스로 공부하도록 구성되어 있는데, 이 책의 'Part 2 - 온가족이 함께하는 16차시 영어 수업'에 그 모든 것이 담겨 있다. 취학 전 아이와 영어를 시작하려는 부모도, 초등학교 저학년 아이를 둔 부모도 무리 없이 따라 해볼 수 있다.

유치원과 초등학교에서 동시에 영어 수업을 하면서, 5~7세 아이와 8~13세 아이의 영어 습득 능력에 현저한 차이가 있다는 걸 알게 되었다. 5~7세 아이가 3년에 걸쳐 배운 것을 8~13세 아이는 마음만 먹으면 6개월

에서 1년이면 따라잡을 수 있다.

이러한 이유로 우리 집 영어 커리큘럼을 크게 초등학교 입학 이전과 이후로 구분했다. 취학 전에는 아이들이 충분히 이해할 수 있는 놀이 위주 자료를 들려주고 읽어주는 것으로, 입학 이후에는 학습을 겸한 아웃풋 훈련으로 구성했다. 유치원과 초등학교에서 영어 수업을 한 경험은 우리 집 영어 커리큘럼을 만드는 데 큰 도움이 되었다.

진정한 배움은 가르칠 때 완성된다고 했던가? 아이와 영어를 진행하면서 내 취약 영역이었던 '듣기'와 '말하기' 실력이 눈에 띄게 좋아졌다. 내 인생에서 결정적인 순간에 발목을 잡았던 일생일대의 고민거리가 해결되고 있었다. 10년간 아이들과 함께 영어를 공부하면서 '듣기'와 '말하기' 실력이 30년 넘게 공부한 나보다 아이들이 훨씬 뛰어난 걸 목격했다.

이 책은 우리 집 두 아이와 함께한 지난 10년의 기록을 정리한 영어 교육 경험담이다. 여기에 5~7세 유치원 영어 수업과 초등학교 1~6학년 영어 수업을 진행해본 경험을 더해 수정과 추가를 반복해 완성했다.

미취학 자녀라면 이 책의 Part 1의 1, 2단계를 적극 활용하기를 권한다. 초등학교 저학년 자녀라면 Part 1의 1, 2단계를 하면서 동시에 3단계부터 순차적으로 진행하면 좋다. 초등학교 3~4학년인데 학교 영어 수업을 따라가는 데 어려움을 겪는다면 Part 2를 먼저 공부하고 Part 1의 3단계부터 진행하면 도움이 된다.

초등학교 고학년과 중학생에겐 이 책이 셀프 스터디용 지침서가 되면 좋겠다. 자신의 취약 영역을 파악한 다음 목차에서 해당 단계를 찾아 스스로 공부하면 좋다. 매 단계마다 또래 친구(큰아이)가 남긴 피드백을 참고하자. 읽고 쓰기만 가능한 성인이라면 자녀와 함께 1단계부터 순서대로 해보기를 권한다. 부모와 자녀가 4대 영역의 균형 잡힌 영어 실력을 갖추게 될 것이다.

김정은

▶ 차례 ◀

프롤로그 : 영어, 엄마가 끌고 가는 공부가 아닌 아이의 즐거운 습관 **4**

이 책의 구성&이 책을 보는 방법 14

연령별 영어 접근법 18

Part 1. 온 가족이 함께하는 최고의 영어 공부법

엄마표 영어, 왜 하려고 하나요? 24

엄마표 영어, 롤 모델을 만나다 | 영어 사용의 3가지 유형 | 엄마표 영어, 큰 그림을 그리다

엄마표 영어를 결심한 순간 꼭 기억해야 할 것 29

영어 노출, 빠르다고 다 좋은 건 아니다 | 유 · 초등생 언어 발달의 단계별 특징을 참고하자

원어민성을 확보하려면

우리 집, 영어 환경 만들기 36

엄마표 영어, 엄마 없이 가능할까? | 엄마, 아빠가 먼저 하면 아이들은 따라 한다

우리 아이 영어 성향 테스트-아이의 성향에 맞는 영어 공부 방법 40

홀랜드 코드별 영어 공부 방법

학교 영어를 따라가기 위해 놓쳐서는 안 되는 것들 43

영어의 기본기 : 파닉스, 어휘, 문법 | 연령별 사전 활용법

영어 수업이 시작되는 3학년, 회화 실력이 필요하다

부록 연령별 사전 활용법 47

지속 가능한 영어 공부법-영어를 완성하는 10단계 48

1단계-듣기 : 영어 노출 시작(5~7세) 52
첫 DVD는 아이의 생활과 밀접한 관련이 있는 것으로 선택 | 우리 아이 첫 듣기에서 중요한 것들
Tip. TV 음성 언어 외국어로 설정하는 방법
Tip. 함께 보면 좋은 유아용 DVD 모음 | 영어 더빙이 잘된 우리나라 애니메이션
부록 처음 영어를 접하는 아이에게 노출하기 좋은 DVD 시리즈 58

2단계-읽어주기① : 영어책과 친해지는 시간(5~9세) 60
영어 그림책 읽어주기 첫 단추: 미끼 책이 필요하다
영어 그림책 읽어주기 두 번째 단추: 규칙이 필요하다
영어 그림책 읽어주기 세 번째 단추: 큰아이, 작은아이 함께
그 무엇보다 효과적인 베드타임 스토리

2단계-읽어주기② : 영어책 읽어주기 단계별 도전 69
영어 그림책 읽어주는 방법 | 그림책 선택은 무조건 아이에게 맡겨라!
Mother's Pick Day (엄마가 고른 책 읽는 날)
Tip. 책장 정리 노하우
부록 작가별 그림책 읽기(ABC 순) 74

디딤돌 1단계 :
아이에게 좋아하는 캐릭터가 생겼다면 아이의 덕질을 허하라 82

3단계-파닉스① : 첫 파닉스(8~9세) 84
어휘력 향상의 밑거름, 파닉스 | 영어 말하기의 밑거름, 파닉스
파닉스를 어려워하는 아이라면 듣기 먼저
파닉스를 거부하는 아이라면 동영상과 게임, 노래와 챈트로 접근하자

3단계-파닉스② : 파닉스 교재 활용하기(8~9세) 91
학교에서처럼 파닉스 교재 활용하기
사이트워드 때문에 파닉스가 무너지는 아이라면 | 파닉스 리더스북 활용하기

4단계-말하기 : 쉬운 영어로 시작하는 회화(9~10세) 101
영어 교과서 회화 표현부터 챙기자!
지나치게 신중한 아이라면, 초등 정규 영어 수업 전에 영어 회화 시간을 갖자!
유아용 DVD 시리즈 활용하기 | 영어 회화 교재 활용하기
〈Oxford English Time〉을 활용한 가족 영어 회화 방법

5단계-듣기, 읽기 : 학원물 즐기기(7~12세) 109
초등학생이라면 학원물 애니메이션 활용하기
학원물 애니메이션을 보면서 학원물 시리즈 읽기
부록 초등학교 저학년부터 볼 수 있는 학원물 애니메이션 114

디딤돌 2단계 :
아이에게 좋아하는 영화가 생겼다면 영화 한 편 100번 보기 116

6단계-어휘 : 필수 단어 외우기(11~12세) 119
어휘 교재 활용하기 | 단어 외울 때 챙겨야 할 것들

7단계-읽기 : 논픽션 읽기(11~13세) 125
영어 논픽션 읽기

8단계-문법 : 문법책 한 권 떼기(13세) 128
초등학교 6학년, 아빠의 문법책을 물려받다 | 먼저, 용어 정리하기
〈Basic Grammar in Use〉 활용하기

디딤돌 3단계 :
아이가 시사에 관심을 보이기 시작했다면 〈심슨 가족〉 시리즈 보기 135

9단계-말하기 : 영어 말하기 연습(13~14세) 138
영자 신문 구독에 앞서 우리말 신문 구독 | 영어 연설 따라 하기, 〈스피치 세계사〉
라디오를 켜자, 굿모닝팝스 | 전 세계 명연설이 내 손 안에, TED | 영어 말하기 대회에 출전
부록 아이들과 볼 만한 연설, 강연 148

10단계-쓰기 : 영어 쓰기 연습(13~16세) 150
영어 쓰기 연습 1. 문장 베껴 쓰기 | 영어 쓰기 연습 2. 요약하기 | 영어 쓰기 연습 3. 리텔링
영어 쓰기 연습 4. 에세이 쓰기 | 영어 쓰기 연습 5. 교재 활용하기

디딤돌 4단계 :
엄마표 영어의 종착이자 아이표 영어의 시작, 영자신문 구독 160

Part 2.

온 가족이 함께하는 16차시 영어수업

Part 2에서 활용하기 좋은 Reading 교재 **166**
Part 2에서 활용하는 교구 만들기 **168**

Lesson 01 Why English? **170**
Lesson 02 Single Letter Sounds a, b, c와 How 의문문 **179**
Lesson 03 Single Letter Sounds d, e, f와 인사말 **189**
Lesson 04 Single Letter Sounds g, h, i와 Who 의문문 **199**
Lesson 05 Single Letter Sounds j, k, l과 a~l 복습 **210**
Lesson 06 Single Letter Sounds m, n, o와 What 의문문 **218**
Lesson 07 Single Letter Sounds p, q, r과 Yes/No 의문문(be동사) **228**
Lesson 08 Single Letter Sounds s, t, u, v와 소유격/소유대명사 **237**
Lesson 09 Single Letter Sounds w, x, y, z와 a~z 복습 **246**
Lesson 10 Short Vowel a와 Where 의문문 **254**
Lesson 11 Short Vowel e, i와 시간을 묻는 표현 **266**
Lesson 12 Short Vowel o, u와 단모음 정리 **277**
Lesson 13 Long Vowel a와 Yes/No의문문(일반동사) **287**
Lesson 14 Long Vowel i, o와 행동동사 **298**
Lesson 15 Long Vowel u와 미국 음식 **311**
Lesson 16 미래 직업을 묻는 표현과 총 복습 **322**

이 책에서 활용한 사이트, 동영상 QR 코드 한번에 보기 **339**

▶ 이 책의 구성&이 책을 보는 방법 ◀

이 책은 영어 공부법(Part 1)과 스크립트북(Part 2)으로 구성되어 있습니다.

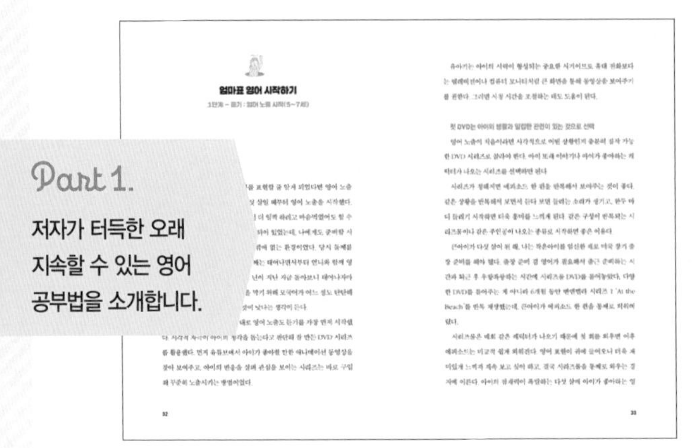
엄마표 영어 시작하기

1단계 – 듣기 : 엄마 노출 시작(5~7세)

Part 1.

저자가 터득한 오래 지속할 수 있는 영어 공부법을 소개합니다.

1~10단계 공부법+
1~4단계 디딤돌 공부법

온 가족이 꾸준히 해볼 수 있는 영어 공부법을 10단계로 나눠 소개하고 있습니다. 중간중간 아이의 관심사에 따라 같이하면 좋은 방법은 디딤돌 공부법으로 소개하고 있으니 같이 봐주세요.

수민 생각

다섯 살 때부터 엄마가 영어 DVD를 틀어주셨는데, 기억에 남는 건 <페파 피그>, <맥스 앤 루비>, <리틀 아인슈타인>이다.

<리틀 아인슈타인> 시리즈는 다섯 살부터 일곱 살까지, <리틀 아인슈타인 사전>은 초등학교 2학년 때까지 봤다. 비슷한 시기에 <페파 피그>도 봤는데, 이 시리즈는 영어뿐 아니라 중국어 버전이 같이 있어서 중국어에 관심을 갖게 되었고, 초등학교에 들어가서는 6학년 졸업 때까지 방과 후 중국어 수업을 들었다.

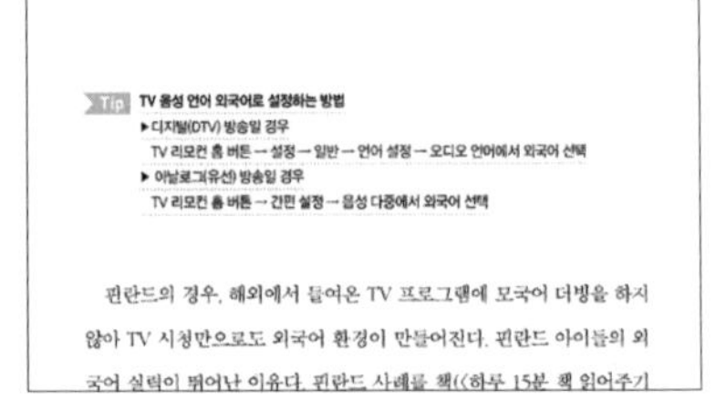
Tip TV 음성 언어 외국어로 설정하는 방법

▶ 디지털(DTV) 방송일 경우

TV 리모컨 홈 버튼 → 설정 → 일반 → 언어 설정 → 오디오 언어에서 외국어 선택

▶ 아날로그(유선) 방송일 경우

TV 리모컨 홈 버튼 → 간편 설정 → 음성 다중에서 외국어 선택

핀란드의 경우, 해외에서 들여온 TV 프로그램에 모국어 더빙을 하지 않아 TV 시청만으로도 외국어 환경이 만들어진다. 핀란드 아이들의 외국어 실력이 뛰어난 이유다. 핀란드 사례를 책((하루 15분 책 읽어주기

수민 생각

10년간 학원 한번 가지 않고 엄마와 함께 영어를 공부한 저자의 자녀가 그 공부법이 자신에게 어떤 의미와 효과가 있었는지 정리했습니다.

Tip

영어를 공부하면서 더 알아두면 좋을 내용을 팁으로 엮었습니다.

학습 추가 자료

영어 그림책과 DVD 등 영어를 공부하면서 활용하면 좋은 자료들을 정리했습니다. 이 외에도 각 가정에 맞는 자료들을 정리해보길 추천합니다.

※이 책에서 표기한 연령은 모두 한국 나이입니다.

목표

해당 Lesson에 배울 내용을 알 수 있습니다.

순서

전체 수업을 어떤 순서로 진행하면 되는지, 수업에서 어떤 표현과 단어를 익힐 수 있는지 미리 알 수 있습니다.

Reading

Part 2에서 활용한 교재는 〈Now I'm Reading〉시리즈입니다. 교재에 대한 자세한 안내는 164쪽을 참고하세요.

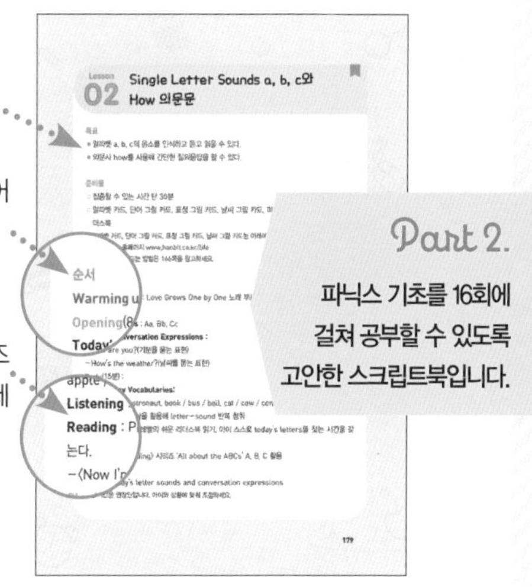

Part 2.

파닉스 기초를 16회에 걸쳐 공부할 수 있도록 고안한 스크립트북입니다.

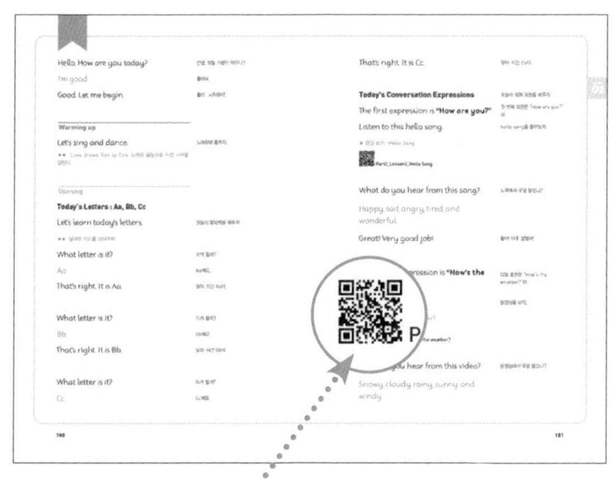

수업 대본(스크립트)

기본 영어 문장을 반복 사용해 영어로 자녀와 수업을 진행할 수 있도록 구성했습니다.

본문 활용 동영상 QR 코드 수록

수업 중 활용하는 동영상은 QR 코드를 수록해 바로바로 확인할 수 있습니다.

- 해당 동영상은 한빛라이프 홈페이지에서 한꺼번에 볼 수도 있습니다.
- QR 코드 인식 앱을 다운받아 QR 코드를 찍으면 동영상을 바로 볼 수 있습니다.

★ 동영상, 카드 파일은 한빛라이프 홈페이지에서 확인할 수 있습니다.

www.hanbit.co.kr/life → 자료실 → 도서명 입력

: 연령별 영어 접근법 :

이 책에서는 우리 집에서 10년간 실천한 온 가족 영어 공부법을 10단계로 나눠 소개한다. 하지만 이 책을 펴든 독자들의 환경은 무척 다양할 것이다. 아이가 어릴 때부터 꾸준히 영어 노출을 해온 가정도 있을 것이고, 초등학교 입학 전까지 어린이집이나 유치원에서 접한 것 말고는 아예 영어 노출을 하지 않은 가정도 있을 것이다. 유형별로 어떻게 영어에 접근하면 좋을지 정리해보았다. 참고해서 각자의 상황에 맞게 시작해보자.

5~7세

영어 놀이를 시작하기 좋은 시기

이 시기에는 원어민 발음을 획득할 수 있지만 우리말 습득을 위협할 수 있으므로 세심한 주의가 필요하다. 아이가 우리말과 영어를 혼용하거나 아이의 우리말 발음과 영어 발음이 섞인다면 중단하자. 학령기 이후에 다시 시작해도 늦지 않다.

이 시기 아이들의 집중력은 매우 짧으므로 시간 간격을 두고 〈페파 피그〉나 〈맥스앤루비〉와 같은 짧은 영상물을 반복해서 보여주는 방식이 효과적이다. 아침 등원 전에 한 번, 하원 후에 한 번, 저녁 식사 전에 한 번, 하루에 세 번 보여주는 것으로 충분하다. 차로 이동할 때 영어 동요를 틀어주고, 잠자리에 들면 쉬운 영어 그림책을 읽어주어 영어책을 장난감처럼 가까이할 수 있도록 도와주자.

기본기 '1단계 – 듣기'와 '2단계 – 읽어주기'를 적극 활용하자.

- 하루 세 번 영어 영상 노출하기
- 차로 이동할 때 영어 동요 틀어주기
- 잠자리에서 쉬운 영어 그림책 읽어주기

어떤 영상물을 어떻게 보여줘야 할지 궁금하다면?

'1단계 – 듣기'로 이동(52쪽) 

어떤 책을 어떻게 읽어줘야 할지 궁금하다면?

'2단계 – 읽어주기'로 이동(60쪽) 

초등학교 1~2학년

영어 학습을 시작하기에 최적의 시기

학교 영어 수업이 시작되는 초등 3학년까지 2년의 여유가 있는 이 시기는 파닉스와 회화 실력을 다지기 좋은 때다.

파닉스 교재에 나오는 단어를 외워서 어휘 실력의 탄탄한 기초를 마련하고, 쉬운 파닉스 리더스북 읽기를 반복해서 읽기 독립을 준비하자. 초등학교 3학년 학교 영어 수업 시간에 적극적으로 참여하기 위해 회화 연습도 필요하다. 초등학교 2학년 겨울방학에 이 책의 Part 2를 활용해 파닉스와 회화를 다시 한번 복습하면 더욱 좋다.

여력이 된다면 하루 한 시간 〈베렌스타인 베어즈〉나 〈아서〉 시리즈 같은 학원물 애니메이션 보기를 통해 원어민성을 확보하자. 잠자리에서는 조금 어려운 그림책을 읽어주자.

기본기 '3단계 – 파닉스', '4단계 – 말하기', '5단계 – 듣기, 읽기'를 적극 활용하자.

- 교재를 활용해 파닉스 다지기
- 파닉스 리더스북 읽기를 통해 읽기 독립 준비하기
- 영어 회화 연습으로 학교 영어 수업에 대비하기
- 학원물 애니메이션 시청으로 원어민성 획득하기
- 잠자리에서 조금 어려운 영어 그림책 읽어주기

파닉스 공부 방법이 궁금하다면?

'3단계 – 파닉스'로 이동(84쪽)

3학년에 시작하는 학교 영어 수업을 준비하려면?

'4단계 – 말하기'로 이동(101쪽)

영어 유치원을 나온 친구들에 뒤처질까 걱정된다면?

'5단계 – 듣기, 말하기'로 이동(109쪽)

읽기 독립을 위한 연습 방법이 궁금하다면?

'파닉스 리더스북 활용법'으로 이동(96쪽)

초등학교 1~2학년, 영어 노출이 없었다면

영어 노출을 하기에 가장 적합한 시기

사실상 영어 노출 시작 시기가 5세든 8세든 결과적으로 아이의 영어 실력에는 큰 차이가 없다. 오히려 8세에 시작하면 5세나 6세보다 짧은 기간에 효과적으로 노출할 수 있다.

초등학교 1학년 때까지 영어 노출이 전혀 없었어도 걱정할 필요가 없다. 지금 시작하면 된다.

이 책의 '1단계 듣기'와 '2단계 읽어주기'로 시작하자.

- 방과 후 한 시간 쉬운 영상물 보여주기
- 잠자리에서 쉬운 영어 그림책 읽어주기
- 아이가 영어 철자에 관심을 보일 때 '3단계 – 파닉스'로 넘어가기

매일 방과 후 한 시간 쉬운 영상물 보여주기로 아이가 영어 소리에 익숙해지도록 도와주자. 동시에 매일 밤 잠자리에서 쉬운 영어 그림책을 읽어주어 아이가 영어 철자와 친해지도록 도와준다. 학교에서 한글도 같이 배우는 시기이므로 아이가 영어 철자에 관심을 보일 것이다. 이때 자연스레 '3단계 파닉스'로 넘어가면 된다.

이후 과정은 초등학교 1~2학년 영어 학습법과 동일하다.

초등학교 3학년 영어 노출이 전혀 없었다면

인풋과 아웃풋 훈련을 동시에 진행하기 좋은 시기

초등학교 3학년까지 영어 노출이 전혀 없었다면 주변의 또래와 비교해 너무 늦은 것 같아 엄마와 아이 모두 초조해질 수 있다. 엄마와 아이가 계획을 세워 매일 꾸준히 한다면, 1년이면 유치원부터 초등학교 2학년까지, 5년의 학습량을 따라잡을 수 있다. 중요한 것은 인풋의 양인데, 하루 한두 시간 양질의 자료를 노출하는 데 공을 들여야 한다. 동시에 효율적인 방식으로 아웃풋 훈련을 진행하면 된다.

추천하는 순서는 다음과 같다.

1 하루 한두 시간 '1단계 – 듣기'와 '5단계 – 듣기, 읽기'로 원어민성 확보하기
2 'Part 2 온가족이 함께하는 16차시 영어 수업'으로 파닉스와 회화를 동시에
3 '파닉스 리더스북 읽기'로 파닉스 1(84쪽) 복습과 읽기 독립을 동시에
4 '3단계 – 파닉스'에서 파닉스 2(91쪽) 학습하기
5 '4단계 – 말하기'에서 교재 3(101쪽)부터 학습하기

이 시기에 처음 영어 영상물을 접하면 음소 인식이 되지 않아 이해하기 힘들어하므로 보는 것 자체가 힘들 수 있다. 이럴 때는 다음 3단계 방식으로 보여주기를 권한다.

1 한글 자막을 보면서 내용을 파악한다.
2 내용이 파악되면 한글 자막을 끄고 소리에 집중해서 본다.
3 영어 소리가 조금씩 들리기 시작하면 영어 자막을 읽으면서 본다.

이러한 방식으로 듣기와 읽기를 동시에 잡을 수 있다. 유아용에서 학원물로 하루 한두 시간 영상물 보기를 진행한다.

이 책의 Part 2는 파닉스 기본(알파벳, 단모음, 장모음)과 초등학교 3~4학년 회화 표현으로 구성했다. 이는 5~7세 일반 유치원 3년의 영어 수업 학습량이다. 꾸준히 매일 하기로 마음먹었다면 하루 30분씩 16일이면 따라잡을 수도 있다. 일주일에 2회씩 진행한다면 2개월이면 가능하다. Part 2를 진행할 때 각 Lesson을 끝내면 파닉스 리더스북 읽기로 복습과 동시에 읽기 독립을 준비하자.

Part 2를 마쳤다면, '3단계 – 파닉스'에서 파닉스 1(알파벳, 단모음, 장모음)은 건너뛰고 파닉스 2(이중자음, 이중모음)부터, '4단계 – 말하기'에서 교재 1, 2는 건너뛰고 교재 3부터 학습하면 된다. 3단계와 4단계를 마치면 초등학교 1~2학년 2년의 학원 영어 수업을 따라잡은 것과 같다.

시리즈 전체에서 초등학교 3학년이 등장하는 〈아서〉 시리즈 보기를 추천한다. Part 2와 '3단계 – 파닉스', '4단계 – 말하기'를 마쳤다면, 〈아서〉 시리즈를 보면서 아서 시리즈북 읽기를 시작하자. '아서 스타터 → 아서 어드벤처 → 아서 챕터북' 순으로 읽으면서 읽는 분량을 늘려나가자.

- 바로 Part 2로 이동(164쪽)
- Part 2 학습 후 '3단계 – 파닉스'로 이동(84쪽)
- Part 2 학습 후 '4단계 – 말하기'로 이동(101쪽)

읽기 독립 연습을 어떻게 연습하는지 궁금하다면?

'파닉스 리더스북 활용법'으로 이동(96쪽) 

회화 연습을 어떻게 하는지 궁금하다면?

'회화 교재 활용법'으로 이동(105쪽) 

초등학교 3학년 영어 노출을 지속적으로 해왔다면

영어 실력을 확장할 시기

영어 듣기와 읽기 실력을 갖추었기 때문에 영어를 더욱 재미있게 공부할 수 있다. 아이가 좋아하는 분야와 관련해 영어 덕질을 부추기자. 예를 들어, 우주에 관심이 많은 아이라면 영상 보며 따라 말하기, 유튜브 영상을 우리말로 번역하기, 사전 검색하기, 백과사전 읽기, 디스커버리 채널 보기, 두꺼운 영어책 읽기로 유도할 수 있다. 이러한 활동은 이 시기가 아니면 진행하기 어렵다. 이러한 경험을 통해 아이의 영어 실력은 훌쩍 자라고 아이는 영어를 더욱 좋아하게 될 것이다.
본격적인 영어 논픽션 읽기에 앞서 우리말 백과사전, 과학 잡지, 신문 읽기 등을 통해 배경지식을 쌓기를 권한다.

'5단계 – 듣기, 읽기'(109쪽)와 '디딤돌 1단계 – 덕질하기', '디딤돌 2단계 – 영화 한 편 100번 보기'를 적극 활용하자.

영어 덕질을 어떻게 부추기는지 궁금하다면?

'디딤돌 1단계 : 아이의 덕질을 허하라'로 이동(82쪽) 

아이가 좋아하는 영화가 생겼다면?

'디딤돌 2단계 : 영화 한 편 100번 보기'로 이동(116쪽) 

● Part 1에서는 영어 노출을 처음 시작하는 5~7세부터 중학교 입학 이후까지 영어를 어떻게 이끌어갈 것인지 10단계에 걸쳐 정리했습니다. 연령과 상황에 맞춰 다양한 방법으로 아이의 관심을 끌어올리는 방법을 소개하고 있어 엄마표 영어를 처음 시도하는 가정이나 시작은 했지만 지속할 방법을 찾지 못하고 흥미를 잃은 경우에도 다시 시작해볼 수 있을 것입니다.

● 초등학교 입학 전에는 놀이처럼 부담 없이 영어를 들려주고, 학습 능력이 필요한 공부는 초등학교 입학 이후에 천천히 시도해야 한다는 원칙을 잊지 마세요. 그래야 아이도 부모도 지치지 않고 오래오래 영어를 계속할 수 있습니다.

Part 1.

온 가족이 함께하는 최고의 영어 공부법

엄마표 영어, 왜 하려고 하나요?

나에게는 영어와 관련된 달콤한 추억이 있다. 초등학교 2학년 때 담임 선생님께서는 매일 아침 영어 방송을 틀어주셨다. 한 반 정원이 60명이 넘고 오전·오후 반으로 나뉘어 두 개 반이 한 교실을 사용하던 열악한 환경이었지만, 선생님께선 수업 시작 전 20분 동안 영어 방송을 보여주셨다. 〈세서미 스트리트〉 시리즈였는데 신기하게도 그때 본 영상들이 30여 년이 훌쩍 지난 지금도 눈앞에 생생하다. 그때 따라 부른 영어 노래를 지금도 따라 부를 수 있다. 초등학교 2학년을 그렇게 보내고 중학생이 될 때까지 영어 노출이 더는 없었지만 그 1년간의 특별했던 경험은 오래도록 좋은 기억으로 남았다.

내가 우리 아이들에게 바란 것도 딱 그만큼이다. 일단 좋아하게 되면 더 알고 싶어지고 공부하고 싶어진다. 매일 조금씩 영어를 노출해 아이들이 평생 영어를 좋아하도록 만드는 것이 나의 첫 목표였기에 영어 첫인상에 각별히 공을 들였고 영어와의 첫 만남이 긍정적인 경험이 되도록 신경을 썼다. 하루 20분, 아이들이 "우와!" 하며 탄성을 지를 만한 영상 자료를 찾기 위해 폭풍 검색을 하고 발품을 팔았다. 내가 영어를 좋아하기에 가능한 일이었다.

엄마표 영어, 롤 모델을 만나다

큰아이 다섯 살, 작은아이 한 살 때 미국으로 장기 출장을 갈 기회가 생겼다. 출장 중에 엄마표 영어 롤 모델을 만났다. 영어를 모국어처럼 사용하는 인도인 동료였다. 그녀는 1999년 한국 대기업의 인도 법인에 취업해 인도, 한국, 영국 등에서 일했고 미주법인에서 일한 지 3년째 되는 해라고 했다. 그녀는 거의 모든 상황에서 좌중을 이끄는 사람이자 출장지에서 만난 사람들 중 영어를 가장 잘하는 사람이었다.

인도는 카스트 제도 때문에 계급에 따라 선택할 수 있는 직업에 한계가 있었다. 그녀의 집안은 신분이 낮았기 때문에 아버지는 그녀가 신분을 뛰어넘어 원하는 직업을 가질 수 있도록 일찍이 외국어 유산을 물려주셨단다. 아버지의 적극적인 지원으로 이중 언어로 수업하는 초등학교에 다녔고, 이는 그녀 인생에 가장 도움이 되었다고 했다.

우리나라 엄마들이 자녀가 외국어를 잘하기를 바라는 것도 인도인 동료의 아버지 같은 심정에서일 것이다. 영어가 최종 목표가 아닌 자녀가 꿈을 펼쳐나가는 데 도움이 되길 바라는 마음. 나 역시 이런 생각을 가져왔다. 영어를 체득시키려면 어떻게 해야 할까? 학습하는 것이 아니라 인식하지 못하는 사이 저절로 흡수되도록 하려면 어떻게 해야 할까? 모국어 습득 방식을 그대로 적용하면 되지 않을까? 오랜 궁리 끝에 우리 집 영어 공부법의 큰 그림을 그릴 수 있었다.

영어 사용의 3가지 유형

출장 기간이 길어지면서 아이들이 너무 보고 싶었던 나는 잠깐이지만 이민을 고려한 적이 있다. 이민 가정과 기러기 가족을 만나보았고 아이들이 다닐 어린이집과 유치원, 국제학교 등을 알아보았다. 여러 가정과 기관을 방문해 조사하면서 이민 1세대 자녀들 중 유아기나 초등학교 저학년에 이민 와서 미국에서 초중고와 대학을 마치고 사회생활을 하고 있는 사람들을 관찰했다. 크게 3가지 집단으로 분류되었다.

- **모국어 영어** 영어를 모국어로 습득하는 데 성공했지만 한국어를 유지하지 못한 경우
- **모국어 한국어** 한국어를 모국어로 사용하며 영어를 외국어로 사용하는 경우
- **모국어 없음** 한국어를 모국어로 유지하지 못하고 영어도 모국어로 습득하지 못한 경우

영어권에서 오래 살았다고 해서 모두 영어를 잘하는 건 아니었다. 출장 기간 동안 한국어-영어 이중 언어를 사용하는 사람을 만나는 일은 거의 없었다. 첫 번째 사례의 경우에는 부모와 자녀 세대 간 의사소통이 문제가 되었고, 두 번째 사례의 경우에는 미국 내 주류 사회로 진입하기 어려웠으며, 세 번째 사례의 경우에는 이민을 후회하고 있었다. 개인의 국가 정체성은 그가 주로 사용하는 언어에 의해 결정되는 경향이 있었고, 모국어를 잊어버린 경우에는 정체성 또한 흔들렸다. 미국 출장 이후 곧바로 중국으로 장기 출장을 가게 되었는데, 중국 이민 가정에서 자란 아이들도 언어 사용 유형은 미국 가정과 비슷한 것을 볼 수 있었다.

엄마표 영어, 큰 그림을 그리다

●모국어를 지켜라

두 출장지에서 내 눈길을 끈 이들은 한국인이라는 정체성을 가졌고, 부모 세대와 소통에 불편이 없으며, 국제무대에서 자신의 꿈을 이루는 사람들이었다. "가장 한국적인 것이 가장 세계적이다."라는 말처럼, 한국어가 유창한 것은 세계 속의 한국인에게 큰 장점으로 작용했다.

●매일 조금씩, 꾸준히

이민 가정의 자녀들을 관찰해보니 이중 언어 환경이 모든 아이에게 바람직하다고 결론 내리기는 어려웠다. 그렇다고 이중 언어 환경을 포기할 순 없었기에 부작용을 최대한 줄이는 범위에서 이중 언어 환경을 만들어 보기로 했다.

●수준은 낮고 쉬운 것부터 단계적으로

우리나라도 영어 유치원과 일부 사립 초등학교에서는 이중 언어 환경을 제공한다. 하지만 국내 기관의 이중 언어 교육 강도는 아이의 언어 발달 단계를 훌쩍 뛰어넘을 정도로 세다 보니 적응하지 못하고 이탈하는 경우도 빈번하다. 인도인 동료가 받은 이중 언어 교육은 어땠을까? 국어와 역사 과목은 모국어로 수업을 진행하고 수학과 과학과 예술 과목은 영어로 수업을 진행하는데, 영어 때문에 수업 내용을 이해하지 못하면 같은 수업을 모국어로 다시 들을 수 있었다고 한다.

엄마표 영어를 시작하며 기억할 것은 반드시 모국어 수준보다 한 단계

낮은 수준에서 영어를 노출해야 한다는 것이다. 아이들이 충분히 따라올 수 있어야 효과를 기대할 수 있다. 아이들의 모국어 수준을 넘어서지 않는 범위에서 섬세하게 설계한 커리큘럼이 필요하다.

● 아이가 원하지 않으면 중단하고 기다리기

오래도록 공들여 쌓은 영어 실력을 현실에서 주로 활용하는 시기는 성인기 이후다. 원서로 전공을 공부하고, 전 세계를 누비며, 해외 취업을 하는 등 실제로 영어를 써야만 하는 상황까지 시간은 많다. 엄마표 영어를 길게 봐야 하는 이유다.

유치원과 초등학교 저학년 시기를 두고 엄마 마음대로 아이를 쥐락펴락할 수 있는 마지막 시기라며 무턱대고 영어를 들이밀면 이후에 문제가 생길 수 있다. 사춘기를 지나며 아이가 자율성을 확보했을 때 어떤 선택을 하게 될지 미리 생각해볼 필요가 있다.

아이의 영어는 즐거워야 한다. 아이의 취향을 최대한 반영해야 한다. 오래도록 지속하기 위해 아이가 "싫어!"라는 반응을 보이면 즉각 중단하자. 자료를 바꾸든 노출 방식을 바꾸든 아이가 좋아하는 방식을 찾아야 한다. 지겨워서 또는 어려워서 잠시 중단할 수 있겠지만, 언제라도 다시 공부하고 싶은 마음이 들도록 아이의 반응을 세심하게 관찰하자.

엄마표 영어를 결심한 순간 꼭 기억해야 할 것

영어 노출, 빠르다고 다 좋은 건 아니다

일하느라 바쁜 엄마 때문에 큰아이는 외가와 친가를 오가며 자랐다. 큰아이가 다섯 살 때 처음으로 우리 가족이 모여 살았다. 세 식구가 함께 살게 됐을 때 나는 엄마로서 의욕이 넘쳤다. 그동안 떨어져 지내느라 못 해준 것들을 다 해주고 싶었다.

출근을 준비하는 시간과 퇴근 후 정리하는 시간에 영어 DVD를 틀어놓고 차로 이동할 때면 영어 동요를 들려주었다. 잠자리에서는 영어 그림책을 읽어주었다. 다섯 살 아이는 스펀지처럼 쭉쭉 빨아들였다. 하지만 이 모든 것을 지속할 순 없었다. 곧 동생이 태어났고, 함께 지낸 지 6개월 만에 큰아이는 다시 외가와 친가를 오가는 신세가 되었다.

'첫애가 태어나자마자 영어를 노출했다면 어땠을까?', '동생이 태어나기 전에 했던 것처럼 아이에게 계속 영어를 노출했으면 더 좋았을까?'

가끔 이런 생각을 해보지만 답은 "No!"이다. 큰아이에게 영어 노출을 시작했을 때 한 살이었던 작은아이는 모국어 토대 없이 이중 언어 노출을 경험했다. 작은아이는 두 돌 무렵 한 음절로 된 단어를 말하기 시작했는데, '밥', '밀크(우유)', '고(가자)' 등 우리말과 영어를 혼용했다.

그때는 문제를 알지 못했다. 작은아이가 네 살이 되도록 말문이 트이지 않았을 때에야 비로소 깨달았다. 모국어가 제대로 자리 잡지 못한 상태의 아이에게 영어를 노출하면 아이가 혼란에 빠질 수 있다는 것을.

엄마표 영어를 시작하는 많은 엄마가 촘스키의 언어 습득 장치(LAD, Language Acquisition Device) 등을 예로 들며 되도록 빨리 외국어에 아이를 노출시키려 한다. 빠르면 빠를수록 좋다고 생각하는 것이다. 하지만 자칫 아이가 모국어도 외국어도 불안정한 상태로 자랄 수도 있다는 것을 간과해서는 안 된다. 촘스키 역시 무조건 언어에 빨리 노출시키라고 말하지는 않았다. 이해 가능한 인풋이 있어야 언어를 습득할 수 있다. 영어 CD나 영상만 틀어준다고 되는 게 아니라는 뜻이다.

영어 노출, 정말 빠르면 빠를수록 좋을까? 그렇다면 배 속에서부터 영어 노출이 시작된 우리 집 작은아이가 혼란기를 겪은 이유는 무엇일까? 다음 연구 결과에서 의문을 해결할 수 있었다.

> 2016년 육아정책연구소는 조기에 언어를 배우면 잘 배운다는 가설을 검증해보기 위해서 영어가 아닌 중국어를 대상으로 단기간 언어 교육을 실시했다(이정림 외 5인, 2015). 우리나라에서 초등학생이나 대학생이나 이미 어느 정도 영어를 학습한 상황이기 때문에, 이 실험을 위한 대상자를 찾는 것이 쉽지 않았다. 결국 중국어를 대상으로 한 달 정

도 실시한 외국어 교육을 바탕으로, 어느 나이 단계에 있는 학습자들이 중국어를 더 잘 배웠는지 조사했다. 약 1개월(4주) 동안 총 20회에 걸쳐 중국어 교육을 실시한 후, 중국어 학습 실시 전후의 중국어 단어에 대한 듣기, 말하기, 읽기 능력 차이를 비교했다. 이 실험은 단기간이지만 비교적 집중적으로 외국어 교육이 이루어진 경우이다. 연구 결과에 따르면, 만 5세, 초등학교 3학년, 그리고 대학생을 대상으로 한 연구에서 나이와 중국어 학습 효과는 비례하는 것으로 나타났다. 즉, 성인인 대학생 집단이 중국어 능력 평가에서 가장 우수한 결과를 보여주었으며, 나이가 어릴수록 학습의 효과가 떨어지는 것으로 나타났다.*

*이병민(2018). 초등학교 및 입학 전 아동의 영어 교육 : 현실 진단과 대안 14~15쪽

말을 잘하지 못해 속상해하는 작은아이에게 나는 매일 밤 공들여 우리말 책을 읽어주었다. 작은아이는 다섯 살에 말문이 트이고 아홉 살에야 한글을 뗐지만, 열 살이 되자 우리말도 영어도 아주 잘하게 되었다. 영어 노출과 동시에 우리말 독서를 지속적으로 병행한 덕분이었다. 모국어가 안정적으로 자리 잡은 이후 외국어를 노출하는 게 중요하다는 것을 작은아이를 통해 알았고, 조금 부족한 영어 노출이 오히려 장기간 엄마표 영어를 지속할 수 있었던 가장 큰 힘이었음을 두 아이가 한참 자라고 나서야 깨달았다. 모국어가 최우선이다.

유 · 초등생 언어 발달의 단계별 특징을 참고하자

언어 발달의 단계별 특징 표(32쪽 참고)에 따르면 출생 후 전언어기, 한

단어기를 거쳐 3세에 두 단어 이상을 조합해 단어 중심 소통 단계에 이른다. 4세 때 기초적인 문장 표현이 가능하며, 5~6세가 되어야 문법적으로 바른 문장을 말할 수 있다. 문법의 규칙을 이해하는 것이 아니라 들은 대로 모방해서 말하는 수준이 되는 것이다. 이 또한 출생 후 줄곧 접한 모국어의 경우에 해당한다.

갓 태어나서는 울음으로만 의사소통을 했던 아이가 이 짧은 시간에 이만큼의 발전을 이룬 것에 감탄할 수도 있지만, 아이가 생기자마자 태교 영어를 시작해 5세에 영어 유치원에 보내기 위해 3~4세에 원어민 과외를 시키는 일부 엄마 입장에서는 속이 터질 만큼 더딘 발달일지 모른다.

● 언어 발달의 단계별 특징

1단계 (출생~11개월)	전언어기 – 말소리와 비슷하나 단어는 아님 • **출생** : 울음으로 의사 표현을 함. • **2주** : 울음은 감소하고 의미 없는 몸짓과 목젖소리를 냄. • **6주** : '꾸욱', '꺼억', '이이' 같은 목젖소리가 남. • **2개월** : 미소로 의사 표시를 함. • **3~6개월** : '마',' 다', '파'처럼 자음과 모음을 연결해 옹알이함. • **6~9개월** : 말소리 비슷한 소리를 내기도 하지만 우연하게 내는 소리이며 '아–바–다'처럼 몇 개의 음절을 연결해 반복해서 소리를 냄. 울음이 아닌 소리로 감정을 나타냄. • **9~11개월** : 소리를 의지적으로 따라 하고 단순한 지시를 알아듣기도 하며, 말소리를 따라 하는 옹알이 혹은 표현 언어가 많이 나타남.
2단계 (1~2세)	한단어기 • **12개월** : 한 단어로 메시지를 나타내고 약 3~6개의 단어를 발화함. • **12~18개월** : 말소리와 거의 흡사한 억양을 표현하며 명사를 많이 사용함. –어휘량 : 약 3~50개 –사회적 소통 : 자신의 말을 상대방이 알아듣지 못하면 짜증을 내지만 이해시키려는 노력을 보이지 않음.

3단계 (2~3세)	둘 이상의 단어 조합 • **2세** : 이해 능력이 현저하게 증가하고 전신어로 표현함. -어휘량 : 50~200개 정도 -사회적 소통 : 먼저 대화를 시작할 수 있고 물음에 답하는 대화를 할 수는 있으나 2번 이상 주고받지는 못함. • **3세** : 급격하게 발달이 이루어져 매일 새 어휘를 습득. -어휘량 : 200~300개 정도 -사회적 소통 : 대화를 하려고 하는데 상대방이 자신을 이해하지 못하면 짜증을 냄. 익숙하지 않은 성인과 대화하는 능력이 향상됨.
4단계 (4~6세)	완성된 문장 사용 • **4세** : 발음이 정확해지고 문법적 표현도 향상됨. -어휘량 : 1,400~1,600개 -사회적 소통 : 상대가 자신을 잘 이해하지 못하면 새로운 정보를 추가하거나 다른 표현을 사용해 이해시키려는 노력을 함. 또래와 갈등은 말로 해결할 수 있고 놀이에 초대하는 것으로도 해결됨. • **5~6세** : 복잡한 문장이라도 문법적으로 바르게 말할 수 있음. 대명사, 과거, 현재, 미래 등의 표현이 가능하며 문장당 평균 약 6.8개의 단어를 사용함. -어휘량 : 2,500개의 어휘를 표현할 수 있으며 이해할 수 있는 어휘는 6,000~25,000개. -사회적 소통 : 타인과 대화하는 방법을 잘 알고 있음.
5단계 (6세 이상)	문자(읽고 쓰기)를 사용한 의사소통 • **6~7세** : 형용사를 사용해서 상태나 특징을 묘사할 수 있고 가정, 조건 등의 복잡한 문장 표현이 가능하며, 문장당 평균 7.6개의 단어를 사용함. -어휘량 : 약 3,000개 • **7~8세** -사회적 소통 : 종속절, 꾸며주는 절 등의 사용이 가능함.

*출처: 〈유아기 언어교육: 이론과 실제〉, Mary Renck Jalongo 저, 권민균 역, 78쪽

유아기 언어 발달 이론을 접하고, 실제로 작은아이가 오랜 시간 한국어-영어 혼란기를 겪는 걸 목격하면서 나는 빨리빨리 가는 것이 좋은 것만은 아니라는 걸 체감했다. 조기 영어 교육으로 한국어-영어 이중 언어자가 되면 더할 나위 없이 좋겠지만 모국어 능력조차 위협받을 수 있다는 걸 알게 되었다. 엄마표 영어에서 아이의 언어 발달을 고려해야 하는 이유다.

8세를 학령기 시작으로 보면, 학령기 이전에는 영어에 집중하기보다 꾸준한 노출로 영어를 친숙하게 여기도록 하는 환경만 만들어주고, 학습과 훈련이 필요한 영역은 최대한 학령기 이후에 다루자고 마음먹었다. 특히 파닉스, 어휘, 문법은 일찍 시작할수록 습득하기까지 오래 걸리고 학령기 이후에 시작하면 오히려 습득하는 데 시간과 노력을 덜 들여도 된다. 그리하여 나는 엄마표 영어의 큰 그림을 '지속 가능한 영어 공부법-영어를 완성하는 10단계'로 구체화했다.

원어민성을 확보하려면

엄마표 영어의 궁극적인 목적을 물어보면 대부분의 엄마들은 원어민에 가까운 영어 실력이라고 답한다. 외국인과 유사한 발음으로 유창하게 생존 영어를 구사하는 것은 물론, 일이나 공부에 필요한 전문적인 영어를 구사하는 데 막힘이 없기를 원한다.

적기의 중요성을 강조하는 조기 영어 교육의 필요성에 대해서는 찬반 논란이 첨예하며 학자마다 입장을 달리하지만, 원어민성을 확보하기 위해 인풋의 질과 노출의 양이 절대적인 요소이며 개인의 노력과 의지가 가장 중요하다고 보는 데는 학자들의 입장이 공통적이다.

모국어가 자리 잡은 5세에 시작해 취학 전에는 놀이로서 즐기고, 취학 후에는 하루 1~2시간 영어를 접하는 것을 목표로 인풋(듣기+읽기)과 아웃풋(말하기+쓰기) 계획을 세워보자.

● 인풋

인풋(Input) : 듣기와 읽기

아침 동요 듣기, 유아 DVD 시청(5~10세) → 굿모닝 팝스(11세 이상)
방과 후 영어 그림책 읽어주기(5~7세) → 학원물 DVD 시청+리더스북 읽기(8~10세) → 논픽션 읽기(11세 이상)
베드타임 영어 그림책 읽어주기(5~10세)

● 아웃풋 훈련

아웃풋(Output) : 말하기와 쓰기

학령기에 순차적으로 파닉스, 어휘, 문법, 말하기, 쓰기 등 학습과 훈련 병행

우리 집, 영어 환경 만들기

엄마표 영어, 엄마 없이 가능할까?

작은 아이 출산 직후 미국으로 장기 출장을 가게 되어 큰아이와 6개월 동안 해오던 엄마표 영어가 중단될 위기에 처했다. 엄마표 영어에서 가장 중요하다고 믿은 '엄마'를 대신할 무언가를 준비해야 했다.

먼저 시댁과 친정의 TV 설정을 바꾸어 언제든 영어 방송을 볼 수 있는 환경을 만들었다. 다만 양가 어른 모두 영어책을 읽어줄 수 없었기에 매일 밤 진행한 베드타임 스토리는 지속할 수 없었다. 어쩔 수 없이 영어책 대신 한글책을 사다 날랐다. 다섯 살 후반부터 일곱 살 초반까지 큰아이는 영어 방송 보기와 한글책 읽기를 병행했다.

당시에는 영어책을 계속해서 읽어줄 수 없어 안타까웠지만 장기적으로 보니 그 또한 잘된 일이었다. 다섯 살에서 일곱 살까지 한글책을 접하며 쌓은 모국어 실력은 이후 아이의 영어 실력에 긍정적인 영향을 미쳤다.

워킹맘이라 시간이 없어서, 혹은 엄마가 영어 울렁증이 있다고 엄마표 영어를 시작도 해보기 전에 포기하진 말자. 영어 방송이 나오도록 TV 설정을 바꾸고, 차로 이동할 때 영어 동요를 틀어주고, 한글책을 같이 읽어주는 등 일상에서 사소하게 챙긴 조각들이 모여 아이의 영어에 긍정적인 영향을 미친다. 이러한 노력은 꼭 엄마가 아니어도 할 수 있다. 1분 1초도 내기 어려운 열혈 워킹맘이라면 엄마가 없는 시간에 아이를 맡는 양육자에게 아침저녁으로 영어 방송을 틀어주고, 한글책을 읽어주라고 부탁해보자. 엄마가 없어도 엄마표 영어는 가능하다.

출장 기간 동안 아이들은 친가에서 지냈는데, 엄마표 영어를 이어가고 싶어서 어른들께 딱 2가지 부탁을 드렸다. TV 영어 방송 보여주기와 한글 그림책 읽어주기다. 큰아이에게 물어봤더니 대여섯 살 때 할머니께서 하루 세 번 영어 방송을 보여주셨단다. 아침에 영어 애니메이션 한 편, 저녁에 영어 애니메이션 한 편, 오후에 간식 먹고 나서는 한 편을 더 볼 수 있었는데, 그때 본 영상이 지금도 생생하게 기억난다고 한다.

"엄마가 꼭 보여주라고 했어."

TV를 보여주실 때마다 같은 말씀을 하셨고, 아이들은 엄마를 생각하며 영어 방송을 챙겨봤다고 한다. 디즈니 주니어 채널과 BBC 어린이 채널, PBS 채널을 번갈아 보면서 우리말과는 다른 새로운 소리를 듣는 것이 재미있어서 할머니께서 우리말 더빙 설정을 해주시겠다고 해도 원어를 고집했다고 한다. 영어 습득에 대한 동기 부여가 자연스레 이루어진 것이다.

엄마, 아빠가 먼저 하면 아이들은 따라 한다

나는 큰아이 일곱 살, 작은아이 세 살에 건강상의 이유로 직장을 그만두었다. 그때부터 두 아이도 유치원과 학원을 그만두고 매일 집 앞 도서관에 발 도장을 찍었다. 주로 한글책을 많이 읽어주었는데, 하루도 빠짐없이 영어책도 읽어주었다. 그리고 한 달에 10만원의 예산을 따로 잡아 아이들의 반응이 좋았던 영어 그림책을 소장용으로 주문했다.

큰아이 일곱 살 때 매달 구입한 영어 그림책은 아이가 중학생이 된 지금, 침대 앞 가장 손이 많이 가는 자리에 꽂혀 있다. 내가 큰아이와 작은아이에게 읽어주고, 큰아이가 작은아이에게 읽어주고, 유치원에서 영어를 가르칠 때 아이들에게 읽어주고, 초등학교에서 책 읽어주는 엄마로 활동하면서 초등학생들에게 읽어주고, 초등학교 영어 강사가 돼 또 읽어주고, 지금은 큰아이가 동네 도서관의 영어 스토리텔러로 활동하면서 도서관 이용자들에게 읽어주고, 작은아이가 또래 친구들에게 읽어주고 있으니 여전히 제대로 활용하고 있는 셈이다. 영어 그림책 읽어주기는 스스로 영어책 읽기로 발전했다. 엄마가 책을 읽어주면 아이도 책을 읽는다. 영어책도 마찬가지다.

우리 아이들은 지금도 매일 밤 잠자리에서 엄마가 영어 그림책을 읽어준 시간을 기억한다. 하루를 마무리하는 시간대에 때론 포근하고 편안하게, 때론 낯설고 이국적인 세계로 떠난 그림책 여행이 인상 깊었는지 중학생이 된 큰아이는 학교 봉사활동으로 영어책 읽어주는 일을 선택했다. 어릴 적 엄마와 함께했던 영어 그림책 읽기는 아이들에게 좋은 기억이 되어 지금도 아이의 삶에 좋은 영향을 미치고 있다. 앞으로도 그럴 것이다.

가족이 함께 영어를 듣기 어렵다면 방송이나 노래를 같이 듣기를 권한다. 남편은 외국계 회사에서 일해 업무를 볼 때 영어를 사용한다. 영문 보고서를 읽고 작성해야 하기에 늘 영어 공부의 필요성을 느끼고 회사 근처 어학원에 등록하거나 전화 영어 통화를 하기도 했지만 재미가 없으니 오래 지속되지 못했다. 어느 날 예전에 라디오 방송을 들으며 재미있게 영어 공부를 했던 경험을 떠올린 남편은 다시 라디오 영어 방송 프로그램을 찾았다. 매일 아침 6시부터 한 시간 동안 진행되는 〈굿모닝팝스〉를 듣게 된 것이다. 차로 이동할 때마다 팟캐스트 〈굿모닝팝스〉를 틀어놓으니 자연스레 온 가족이 함께 듣게 되었다. 이 방송은 영어에 인문학적 깊이를 더해 새로운 것을 알아가는 재미까지 있다. 몇 번 듣다 보니 재미있었는지 큰아이가 행동력을 발휘해 새벽 6시 알람을 〈굿모닝팝스〉로 맞췄다. 이제 우리 집은 매일 아침 6시에 〈굿모닝팝스〉를 들으며 하루를 시작한다. 아이들은 'What am I' 퀴즈를 풀고 '커피 앤 도넛' 쿠폰을 받고 마음에 드는 팝송 제목을 적어두었다가 다시 듣기도 하면서 적극적으로 듣고 있다. 라디오 영어 방송 듣기는 세대를 잇는 영어 공부 방법 중 하나다.

고학년 자녀가 엄마표 영어를 거부한다면 라디오를 켜보자. 엄마, 아빠가 귀를 기울여 듣고 있으면 아이도 어느새 다가와 들을 것이다. 그렇게 다시 영어에 관심을 보이면 그때 공부를 이어가면 된다.

우리 아이 영어 성향 테스트

아이의 성향에 맞는 영어 공부 방법 소개

초등학교에 입학하면 1학년 1학기에 학교에서 홀랜드의 직업성격유형검사를 실시한다. 홀랜드의 직업성격유형검사를 통해 아이가 현재 어떤 분야와 일, 직업에 호기심과 재미를 느끼는지 실재형(R), 탐구형(I), 예술형(A), 사회형(S), 기업형(E), 관습형(C) 6가지 유형으로 나누어 그 내용과 특징을 알 수 있고, 검사 결과에 따라 진로 발달을 위한 제안을 받을 수 있다. 아래 링크를 통해 가정에서 직접 검사할 수도 있다.

● 워크넷 직업 진로

http://www.work.go.kr/jobMain.do

Part1_워크넷_직업 진로 테스트

⊙ 직업심리검사 〉 초등학생 진로인식검사

⊙ 직업심리검사 〉 직업가치관검사 / 청소년 직업흥미검사 / 청소년 진로발달검사 / 청소년 직업인성검사 단축형 · 전체형 / 고등학생 적성검사 / 고교 계열 흥미검사 중 선택

● 한국가이던스

http://www.guidance.co.kr/agmain/index.asp

Part1_한국가이던스_e심리검사

● 홀랜드 코드별 영어 공부 방법 소개

유형	특징	영어 공부 방법
실재형 (R)	몸을 움직이는 활동적인 일과 여러 가지 도구나 기계를 사용하는 일에 호기심을 보인다.	"손과 입을 맘껏 사용하는 체험 활동이 효과적." • 외국인을 만나거나 여행을 하는 등 새로운 경험과 환경에 도전할 기회를 제공한다. • 요리하기, 율동하기 등 몸을 사용할 수 있는 기회를 제공한다. • 영상 자료를 효과적으로 활용한다. • 라디오, DVD 플레이어, 전자사전 등 기기를 활용한다. • 짧은 시간에 집중하는 방식이 효과적이다.
탐구형 (I)	주변에서 일어나는 현상이나 사물을 관찰하고 적용 원리에 관심을 가지며 논리적으로 분석하는 걸 좋아한다.	"관심 분야를 파고드는 방법이 효과적." • 영어가 왜 필요한지 논리적으로 설득해 동기 부여를 하는 것이 중요하다. • 적합한 공부 방법을 찾아 스스로 공부하므로 자기주도성을 인정해주어야 한다. • 지적 호기심을 자극하고 도전 가능한 문제를 제시한다. • 좋아하는 캐릭터 덕질하기, 여러 종류의 사전 활용하기 등의 공부 방법이 통한다.

예술형 (A)	독특하고 새로운 것을 생각해내기를 좋아하고 예술적인 안목을 표현하는 일에 관심을 보인다.	"아름답거나 감동적이거나!" • 감수성을 자극하고 흥미를 유발하는 교재를 선정한다. • 아름다운 그림이 있는 영어 그림책 읽기나, 쉬운 영어 동요 듣기로 시작한다. • 동화책 읽기, 영화 보기, 미드 보기 등의 공부 방법이 통한다.
사회형 (S)	사람들과 함께하는 것을 즐기며 누군가를 가르치고 도와주는 일에 관심을 가진다.	"질문하고 대답하는 소통의 과정을 통해 배운다." • 지속적인 응원과 격려가 필요하다. • 친구와 함께하는 그룹 스터디가 효과적이다. • 스토리텔러, 멘토/멘티, 동아리 활동 등 사람들과 함께하는 공부 방법이 통한다.
기업형 (E)	앞장서서 사람을 리드하고 열정적인 태도로 적극적으로 행동한다.	"리더십을 발휘할 수 있는 환경 제공." • 경쟁 상대가 있을 때 더 열심히 한다. • 팀플레이 게임에서 두각을 나타낸다. • 영어 말하기 대회나 UCC 공모, 각종 대회 출전을 통해 영어 실력을 자랑할 기회를 제공한다. • 토론 진행을 맡기거나 동아리 대표, 청소년 외교관 등 권한을 부여하면 책임을 다하며 실력 상승의 결과를 얻을 수 있다.
관습형 (C)	꼼꼼하고 정확하게 정리하는 것을 좋아하며 정적인 활동을 즐긴다.	"안정적인 환경에서 규칙적으로 꾸준하게!" • 제대로 된 목표와 공부법 제시가 중요하다. • 단계적인 학습 계획을 제시하고 방법을 알려주면 계획대로 실행한다. • 일기 쓰기, 독서기록장 등 필기할 수 있는 기회를 제공한다. • 도전적인 과제를 제시할 때 준비할 시간을 넉넉히 준다.

학교 영어를 따라가기 위해 놓쳐서는 안 되는 것들

영어 기본기를 다지기 위해 반드시 넘어야 할 산이 3개 있다. 파닉스의 산, 어휘의 산, 그리고 문법의 산이다. 3개의 산을 한꺼번에 넘으려면 힘이 들기에 적정한 간격을 두고 한 번에 하나씩 넘기를 권한다. 5~7세에 듣기와 읽어주기를 많이 하고, 8세에 파닉스를, 11세에 어휘를, 13세에 문법을 정복하자. 초등학교 6년 동안 영어 기본기를 익혀둔다면 중학교 진학 이후에도 크게 힘들이지 않고 공부를 따라갈 수 있다.

영어의 기본기 : 파닉스, 어휘, 문법

초등학교 1학년이 되면 학교에서 한글을 배운다. 한글의 자모를 배우는 이때 영어 파닉스를 시작해보자. 알파벳 철자와 소리의 상관관계를 익히는 파닉스 원리는 한글 구성 원리와 유사하기에 함께 배우면 시너지 효과를 볼 수 있다.

파닉스를 제대로 익히면 알파벳 철자의 소리를 정확하게 인식하게 되므로 영어 듣기와 말하기의 토대가 된다. 또한 파닉스는 짧은 시간 많은 단어를 익힐 수 있도록 돕는다. 파닉스 원리를 알면 파닉스 규칙에 맞는 단어(총 영어 단어의 85%)는 자동으로 익힐 수 있고, 파닉스 규칙에 어긋나는 단어(총 영어 단어의 15%)만 암기하면 되기 때문이다. 그러니 영어를 더욱 쉽게 공부할 수 있다. 구두 어휘를 습득하는 것과 동시에 문자 어휘를 습득하게 되므로, 결과적으로 영어를 잘 읽고 쓸 수 있게 된다. 이 책의 파트 2를 가족이 함께한다면 아이가 외롭지 않게, 자연스럽게 파닉스를 익힐 수 있을 것이다.

초등학교 1~3학년까지 영어 동화나 회화 위주로 재미있게 영어를 공부했다면 초등 4학년부터는 글을 읽고 쓰는 리터러시(Literacy) 위주의 영어 공부를 대비하는 시기다. 중고등학교에서 영어 성적을 잘 받기 위해서 흥미 위주의 영어 동화를 읽는 수준에만 머물러서는 안 된다. 실제로 시험에 나오는 리딩 지문들은 다양한 지식을 요구하는 과학, 문화, 사회, 경제, 스포츠, 연예 등의 논픽션 지문들이다. 따라서 초등학교 고학년이 되면 논픽션 리딩에 본격적으로 들어가는 것이 좋다. 아래 순서를 참고하자.

⊙ **초등학교 1, 2학년**	파닉스, 영어 그림책 읽기, 리더스북 읽기
⊙ **초등학교 3학년**	회화, 그림책 수준의 쉬운 영어 논픽션 읽기, 한글 논픽션과 백과사전 읽기
⊙ **초등학교 4학년**	어휘, 영어 논픽션 시작
⊙ **초등학교 5학년**	본격적인 영어 논픽션 읽기, 한글 신문 읽기, 한글 저널 쓰기(글쓰기)
⊙ **초등학교 6학년**	문법, 영자 신문 읽기, 영문 저널 쓰기(글쓰기)
⊙ **중학교**	영자 신문 읽기, 영문 저널 쓰기(글쓰기)

초등학교 4학년은 본격적으로 어휘를 익히기 좋은 시기다. 학교에서 배우는 과목도 많아지고 수준도 높아지는 이 시기에 영어로 된 과학책이나 위인전 등 논픽션 책들을 읽으면서 배경지식 쌓기를 시도해볼 수 있다. 단어를 외우는 행위가 단순 암기가 아닌 배경지식을 쌓는 경험이 되도록 단어를 외울 때 문맥 속 다양한 의미와 유의어를 함께 챙기는 방식으로 접근해보자.

학년이 올라갈수록 어휘와 배경지식이 영어 실력에 미치는 영향이 커진다. 평소 사전을 가까이하는 습관을 들이면 어휘와 배경지식을 쌓는 데 도움이 된다. 고학년이 되어 갑자기 사전을 이용해 공부하려면 쉽게 적응하기 힘들다. 엄마표 영어를 시작하는 유아 때부터 사전을 놀이하듯 활용하다 보면 어느새 아이 스스로 사전을 찾아보는 습관이 자리 잡게 된다. 그 방법을 참고하자. (47쪽 연령별 사전 활용법 참고)

초등학교 6학년이 되면 문법에 도전해보자. 이 시기에는 체계적인 사고가 가능해지기 때문에 암기보다는 이해가 먼저인 문법을 공부하기에 적절하다. 문법은 보다 정확한 독해와 논리적인 말하기, 쓰기가 가능하도록 돕고 중고등학교 영어 교과를 따라가기 위한 필수 관문이 될 것이다.

영어 수업이 시작되는 3학년, 회화 실력이 필요하다

단계별로 영어를 익혀 나가는 것도 중요하지만 학교 영어 수업 시간에 잠을 자는(?) '영포자'가 되지 않도록 하려면 주의 깊게 챙겨야 할 시기가 있다. 영어 교과를 처음 시작하는 초등학교 3학년이다. 학교마다 차이는 있지만 대부분의 초등학교에서 영어 교과 전담 교사가 100% 영어로만 수업을 진행하는 추세다. 영어에 전혀 노출되어 있지 않거나 신중한 성격의 아이라면 수업 시간에 당황할 수 있다.

초등학교 3학년 영어 교과가 시작되기 전, 최소한 2학년 겨울방학부터라도 영어 교과서 회화 수준의 표현을 연습하기를 권한다. 어디서부터 해야 할지 막막하다면 이 책의 파트 2 16차시 영어 수업을 활용해보자. 파닉스 기본과 초등학교 3, 4학년 교과서 회화 표현을 정리해서 만들었기 때문에 영어의 기본기를 익히는 데 좋다.

: 연령별 사전 활용법 :

5~7세

유아 플래시 카드 → 어린이 첫 영어사전 → 첫 그림 영영사전

- 낱장으로 활용할 수 있는 플래시 카드 몇 장으로 시작한다.
- 한 페이지에 그림 하나, 영어 단어 하나가 나오는 첫 영어사전을 준비한다.
- 첫 그림 영영사전을 준비한다. 연관성 있는 단어를 한꺼번에 볼 수 있는 구성이 좋다.

8~9세

캐릭터 사전, 그림 영영사전(abc 순)

- 아이가 좋아하는 캐릭터가 등장하는 캐릭터 사전을 준비한다.

abc 순으로 단어와 그림, 단어의 정의가 간략하게 설명된 영영사전을 준비한다. 단어의 정확한 뜻 읽기는 이후 영어 논픽션 읽기로 자연스레 이어진다.

10~11세

국어사전, 첫 영어 유의어사전, 백과사전

- 국어사전을 준비한다.
- 첫 영어 유의어사전을 준비한다. 유의어사전을 통해 영어 단어 하나의 쓰임새가 얼마나 다양한지 알 수 있다. 유의어사전을 들여다보는 것만으로 단어의 정확한 쓰임새를 알 수 있고, 이후 영어 작문 쓰기에서 유의어를 활용하는 연습이 된다.
- 우리말 백과사전을 준비한다. 우리말 백과사전을 읽으면 자연스레 배경지식이 생겨 영어 논픽션을 읽는 데 도움이 된다.

12세 ~

전자사전, 영영사전 앱, 나만의 사전 만들어 쓰기

- 전자사전을 준비한다.

  전자사전은 내가 찾은 단어의 이력을 관리해주는 장점이 있다. 무슨 단어를 찾았는지 확인할 수 있어 편리하다. 영한-한영-영영은 물론 한국어-영어-중국어-일본어 등 외국어가 추가된 모델이 있어 다중 언어를 공부하는 아이에게 적극 추천한다.
- 영영사전 앱을 설치한다.

  Oxford Concise Thesaurus Dictionary 앱

  Oxford Learner's Thesaurus Dictionary 앱
- 나만의 사전을 만들어 쓴다.

  영어 논픽션을 읽고 영문 저널을 쓰기 위해서는 영영사전, 영한한영사전, 유의어사전을 종횡무진하며 자신이 원하는 정보를 찾아서 활용할 수 있어야 한다. 예를 들어 영어단어 fair는 1) 타당한 2) 공정한 3) 상당한 4) 괜찮은 5) (피부나 머리카락 색이) 옅은 6) (날씨가) 맑은 등 상황에 따라 뜻이 달라진다. 먼저 영한사전으로 정확한 뜻을 찾고, 우리말 뜻이 모호하면 국어사전에서 의미를 정확히 파악한다. 그다음 영영사전을 활용해 각 뜻에 맞는 주요 예문을 정리하면서 유의어까지 챙기는 방식으로 나만의 사전을 만들면 단어와 함께 배경지식을 쌓을 수 있어 좋다.

지속 가능한 영어 공부법

영어를 완성하는 10단계

10년간 이어온, 엄마와 아이가 함께 만든 우리 집 영어 공부법을 소개한다. 다섯 살에 시작한 엄마표 영어가 이제 중학생이 된 큰아이에게는 일상 속 즐거운 습관으로 자리 잡았다. 엄마표 영어를 진행하면서 아이가 원하지 않을 때는 짧게는 일주일, 길게는 무려 6개월(중학교 1학년 1학기) 동안 중단하기도 했다. 잠시 중단한다고 엄마표 영어가 끝나는 게 아니다. 휴식기를 충분히 가진 아이는 다시 다음 단계를 이어갔다. 지속 가능한 우리 집 영어 공부법은 다음과 같다.

1단계 - 듣기	영어 노출 시작 : 5~7세
2단계 - 읽어주기	영어책과 친해지는 시간 : 5~9세
디딤돌 1단계	아이의 덕질을 허하라 : 아이에게 좋아하는 캐릭터가 생겼다면
3단계 - 파닉스	첫 파닉스 : 8~9세
4단계 - 말하기	쉬운 영어로 시작하는 회화 : 9~10세
5단계 - 듣기, 읽기	학원물 즐기기 : 7~12세

디딤돌 2단계	영화 한 편 100번 보기 : 아이에게 좋아하는 영화가 생겼다면
6단계 - 어휘	필수 단어 외우기 : 11~12세
7단계 - 읽기	논픽션 읽기 : 11~13세
8단계 - 문법	문법책 한 권 떼기 : 13세
디딤돌 3단계	'심슨 가족' 시리즈 보기 : 아이가 시사에 관심을 보이기 시작했다면
9단계 - 말하기	영어 말하기 연습 : 13~14세
10단계 - 쓰기	영어 쓰기 연습 : 13~16세
디딤돌 4단계	영자 신문 구독 : 엄마표 영어의 종착이자 아이표 영어의 시작

먼저 영어 기본기를 다져야 한다. 큰아이는 다섯 살 때부터 '1단계 - 듣기'와 '2단계 - 읽어주기'를 동시에 진행하며 영어 소리와 활자를 익혔다. 다만 이 시기에는 영어를 외국어 공부라고 느끼지 않고 놀이처럼 재미있게 노출하는 것이었기에 아이도 엄마가 재미있는 DVD인데 영어로 된 것을 틀어주는구나, 영어로 된 그림책을 읽어주는구나 정도로 자연스럽게 받아들였다. 나 역시 아이가 영어를 듣고 이해해야 하는지 확인하거나, 단어나 문장을 자꾸만 지루하게 설명하지 않았다. 영어라는 새로운 세상을 만난 아이는 곧 좋아하는 캐릭터가 생겼고, 이 기회를 틈타 '디딤돌 1단계'로 관심 캐릭터에 대한 탐구를 영어로 할 수 있도록 지원했다. 아이의 캐릭터 덕질은 아이의 영어 실력을 흘려듣기 수준에서 사전 검색, 영어책 읽기, 영상 보고 따라 하기 수준으로 끌어올렸다.

초등학교 1학년, 한글 자음과 모음을 배울 때 '3단계 - 파닉스 : 첫 파닉스'로 영어 파닉스를 시작했고, 초등학교 3학년 때 학교에서 영어 교과를 시작하기 전에 '4단계-말하기 : 쉬운 영어로 시작하는 회화'로 100% 영어로 진행되는 학교 수업을 어렵지 않게 따라갈 수 있도록 준비했다. 하교 후 휴식 시간에는 '5단계-듣기 : 학원물 즐기기', 즉 학원물 DVD를 틀어 놓고 영미권 초등학교에 다니는 간접 경험을 제공했다. '5단계-읽기 : 학원물 즐기기'의 학원물 시리즈 읽기는 그림책 읽어주기에서 원서 줄글 책 읽기로 진입하는 지름길이 되어주었다.

초등학교 4학년 때는 논픽션과 저널을 읽기 전에 '6단계-어휘 : 필수 단어 외우기'로 필수 어휘를 먼저 챙겼다. 그리고 아이에게 좋아하는 영화가 생겼을 때 틈틈이 '디딤돌 2단계'를 진행하며 영화 한 편의 전체 표현을 통으로 익히는 연습을 했다. 초등학교 5학년 때는 '7단계-읽기 : 논픽션 읽기'를 진행하며 배경지식을 쌓고, 초등학교 6학년 때는 '8단계-문법 : 문법책 한 권 떼기'로 중고등학교 교과 영어에 대비했다. 시사 문제에 관심을 보일 때쯤에는 '디딤돌 3단계'로 사회 문제와 국제 정세에 입문하도록 도왔다. '9단계-말하기 : 영어 말하기 연습'에서 살아 있는 현지 생활 영어 표현과 명연설 스피치, 팝으로 영어 말하기 공부를 폭넓게 진행했다.

영작을 연습하기에 적절한 시기인 중학교 1학년 때는 '10단계-쓰기 : 영어 쓰기 연습'으로 에세이와 저널 등 학교에서 주로 쓰는 두괄식의 논리적인 글쓰기를 체계적으로 연습했다. 어휘와 문법의 토대를 마련하고 논픽션 읽기로 배경지식을 쌓은 후 영어 쓰기를 진행하자 무리 없이 잘 따라왔다. '디딤돌 4단계'는 우리 집 영어 공부법의 마지막 단계다. 영자 신문 앱과 팟캐스트, 웹사이트 등을 활용해 하루 한 건 '나의 베스트 기사'를 선정해 읽는다. 영자 신문은 엄마표 영어의 종착점이자 아이 스스로 영어 공부를 이어갈 출발점이다.

기본기 10단계와 디딤돌 4단계로 구성한 우리 집 영어 공부법은 듣기, 읽기, 말하기, 쓰기의 영어 학습 4대 영역을 차근차근 접할 수 있고, 적정한 시기에 파닉스, 회화, 어휘, 문법을 마스터하도록 설계했다. 이 책에서는 단계마다 교재와 사이트, 앱 등 유용한 정보를 함께 수록했다. 학원에 다니거나 해외 어학연수를 가지 않고 집에서 영어를 공부하는 효율적이고 효과적인 방법을 찾는 모든 사람에게 도움이 되었으면 좋겠다. 영어를 체득하려는 목적이 성인이 되어 전 세계를 누빌 때 활용하기 위함이므로 '1단계 - 듣기 : 영어 노출 시작'을 제외한 나머지 단계는 적기가 없으며 언제 시작해도 좋다는 사실을 밝혀둔다.

1단계 - 듣기

영어 노출 시작(5~7세)

아이가 어느 정도 자신의 의사를 표현할 줄 알게 되었다면 영어 노출을 시도해보자. 나는 큰아이가 다섯 살일 때부터 영어 노출을 시작했다. 그 전에는 시댁에서 아이를 봐주셔서 더 일찍 하려고 마음먹었어도 할 수 없었다. 미국 장기 출장이 예정되어 있던 때였는데, 나에게도 준비할 시간이 필요했기에 영어를 시작할 수밖에 없는 환경이었다. 당시 둘째를 임신한 상태였는데, 결과적으로 둘째는 태어나면서부터 언니와 함께 영어 환경에 노출되었던 셈이다. 10년이 지난 지금 돌아보니 태어나자마자 시작하기보다는 모국어 혼란을 막기 위해 모국어가 어느 정도 탄탄해진 다섯 살 무렵부터 시작하는 것이 낫다는 생각이 든다.

아이가 모국어를 익힌 순서대로 영어 노출도 듣기를 가장 먼저 시작했다. 시각적 자극이 아이의 청각을 돕는다고 판단해 잘 만든 DVD 시리즈를 활용했다. 먼저 유튜브에서 아이가 좋아할 만한 애니메이션 동영상을 찾아 보여주고, 아이의 반응을 살펴 관심을 보이는 시리즈는 바로 구입해 꾸준히 노출시키는 방법이었다.

유아기는 아이의 시력이 형성되는 중요한 시기이므로 휴대 전화보다는 텔레비전이나 컴퓨터 모니터처럼 큰 화면을 통해 동영상을 보여주기를 권한다. 그러면 시청 시간을 조절하는 데도 도움이 된다.

첫 DVD는 아이의 생활과 밀접한 관련이 있는 것으로 선택

영어 노출이 처음이라면 시각적으로 어떤 상황인지 충분히 짐작 가능한 DVD 시리즈로 골라야 한다. 아이 또래 이야기나 아이가 좋아하는 캐릭터가 나오는 시리즈를 선택하면 된다.

시리즈가 정해지면 에피소드 한 편을 반복해서 보여주는 것이 좋다. 같은 상황을 반복해서 보고 듣다 보면 들리는 소리가 생기고, 한두 마디 들리기 시작하면 더욱 흥미를 느끼게 된다. 같은 구성이 반복되는 시리즈물이나 같은 주인공이 나오는 종류로 시작하면 좋은 이유다.

큰아이가 다섯 살이 된 해, 나는 작은아이를 임신한 채로 미국 장기 출장 준비를 해야 했다. 출장 준비 겸 영어가 필요해서 출근을 준비하는 시간과 퇴근 후 우왕좌왕하는 시간에 시리즈물 DVD를 틀어놓았다. 다양한 종류를 틀어주는 게 아니라 6개월 동안 〈벤앤벨라〉 시리즈 1 'At the Beach'를 반복 재생했는데, 큰아이가 에피소드 한 편을 통째로 외워버렸다.

시리즈물은 매회 같은 캐릭터가 나오기 때문에 첫 회를 외우면 이후 에피소드는 비교적 쉽게 외워진다. 영어 표현이 귀에 들어오니 더욱 재미있게 느껴져 계속 보고 싶어 하고, 결국 시리즈물을 통째로 외우는 경지에 이른다. 아이의 잠재력이 폭발하는 다섯 살에 아이가 좋아하는 영상을 잘 활용하면 귀가 트이고 입이 열리는 효과를 볼 수 있다.

우리 아이 첫 듣기에서 중요한 것들

● 아이가 좋아할 만한 영상물 찾기

생소한 언어로 된 영상물을 매일 들어야 하기 때문에 되도록 아이가 좋아할 만한 영상을 활용해야 한다. 아이와 함께 찾아보며 시작부터 아이의 관심을 끌어보자.

1 국내외 영어 애니메이션 사이트를 검색해 아이가 좋아할 만한 캐릭터를 찾는다.
2 유튜브에서 1의 캐릭터 영상을 찾아 아이에게 보여준다. 아이가 관심을 보이는 영상의 DVD 시리즈를 찾는다.
3 DVD를 구매한다.
4 우리말 더빙, 우리말 자막을 없앤다.(영어로만 설정)
5 매일 같은 시간대에 DVD를 틀어놓는다.
예 유치원 등원 전 30분 / 유치원 하원 후 30분 / 저녁 먹기 전 30분
6 잘 보고 있는지, 내용을 이해하는지 확인하지 않는다. 부담 없이 즐길 수 있도록 편안한 분위기를 만든다.

● TV 활용

아이가 좋아할 만한 영상물을 찾지 못했다면 TV의 음성 언어를 외국어로 설정하고 TV를 보는 것으로 대체할 수도 있다.

TV 설정 메뉴에 '음성 언어' 항목이 있다. TV의 음성 언어를 외국어로 설정한다. 한 번 설정하면 중국어 방송은 중국어로, 영어 방송은 영어로, 즉 외국어 방송은 외국어로 방송된다.

Tip TV 음성 언어 외국어로 설정하는 방법

▶ 디지털(DTV) 방송일 경우

TV 리모컨 홈 버튼 → 설정 → 일반 → 언어 설정 → 오디오 언어에서 외국어 선택

▶ 아날로그(유선) 방송일 경우

TV 리모컨 홈 버튼 → 간편 설정 → 음성 다중에서 외국어 선택

핀란드의 경우, 해외에서 들여온 TV 프로그램에 모국어 더빙을 하지 않아 TV 시청만으로도 외국어 환경이 만들어진다고 한다. 핀란드 아이들의 외국어 실력이 뛰어난 이유다. 핀란드 사례를 책(〈하루 15분 책 읽어주기의 힘〉, 짐 트렐리즈)에서 접하고 나서 시댁과 친정의 TV 설정을 바꾸었다. 아이들이 바쁜 엄마 때문에 언어 습득 장치가 활발히 작동하는 시기에 외가와 친가를 오가며 지내야 했기에, 양가 TV의 음성 언어를 외국어로 설정하는 것으로 영어 환경을 만들어 영어 노출을 지속했다. 덕분에 내가 미국과 중국에 장기 출장을 갔을 때도 두 아이는 TV 방송을 보는 것으로 영어 노출을 지속할 수 있었다. 영어 공부에 TV 음성 언어 설정을 백분 활용하자.

수민 생각

다섯 살 때부터 엄마가 영어 DVD를 틀어주셨는데, 기억에 남는 건 〈페파 피그〉, 〈맥스 앤 루비〉, 〈리틀 아인슈타인〉이다.

〈리틀 아인슈타인〉 시리즈는 다섯 살부터 일곱 살까지, 〈리틀 아인슈타인 사전〉은 초등학교 2학년 때까지 봤다. 비슷한 시기에 〈페파 피그〉도 봤는데, 이 시리즈는 영어뿐 아니라 중국어 버전이 같이 있어서 중국어에 관심을 갖게 되었고, 초등학교에 들어가서는 6학년 졸업 때까지 방과 후 중국어 수업을 들었다.

동생 수린이가 가장 좋아하는 DVD 시리즈는 〈맥스 앤 루비〉다. 주인공 맥스는 꼭 수린이 같다. 수린이는 다섯 살이 될 때까지 말을 잘 못 해서 힘들어했는데 맥스도 그랬다. 〈맥스 앤 루비〉 에피소드 한 편을 보고 나면 맥스가 반복해서 말하는 단어 하나가 기억에 남는다. 맥스는 각 에피소드에서 단 하나의 단어를 익히는데, 수린이도 맥스를 따라 영어 단어를 하나씩 익혀 나갔다. 지금도 수린이와 나는 대여섯 살 때처럼 마음껏 놀고 싶을 때 〈맥스 앤 루비〉를 본다. "맥스는 언제나 옳다!"

초등학교 들어가기 전 할머니 댁에서 TV를 틀면 영어 방송이 나왔다. 엄마가 영어로 방송이 되도록 미리 설정해놓아서인데 자막은 내 마음대로 설정을 바꿀 수 있었다. 영어 방송을 볼 때 한글 자막을 넣기도 했는데, 지금 돌아보면 그건 영어 공부에 도움이 되지 않은 것 같다. 영상을 볼 때 자막이 나오면 자막에만 시선이 꽂혀 영어 표현은 기억나지 않고 자막 내용만 떠오른다. 일곱 살부터는 한글 자막 없이 보려고 했고, 영어 방송을 보다 너무 답답할 때는 한글 자막 대신 영어 자막을 넣었는데, 그건 영어 공부에 도움이 되었다.

일곱 살부터는 컴퓨터를 조금씩 같이 사용했다. 엄마가 소개해준 여러 사이트 중에서 PBS Kids와 BBC Kids가 가장 좋았다. 우리 집에는 TV가 없어 컴퓨터를 사용하는 그 짧은 시간이 매우 소중했다. 두 사이트를 샅샅이 뒤져 내 마음에 드는 캐릭터를 찾아냈고, 내가 좋아하는 캐릭터가 생기면 엄마는 DVD를 구해주셨다. 그러면 나는 TV 화면으로 실컷 볼 수 있었다. 집 안 곳곳을 돌아다니며 고장 난 곳을 수리하는 〈핸디 매니〉 시리즈와 끊임없이 무언가를 만들어내는 아저씨 이야기 〈미스터 메이커〉 시리즈는 내 맘에 쏙 드는 프로그램이었다.

초등학교 2, 3학년 때부터는 영어 방송을 볼 때 영어로 들으면서 동시에 한국어로 번역해서 말하는 연습을 했다. DVD를 볼 때, 동생 수린이는 "언니, 지금 뭐라고 하는 거야?"라면서 계속 물었다. 동생과 영어 방송을 함께 볼 때면 내가 계속 설명해 줘야 했기 때문에 '들으면서 우리말로 설명하기'를 자동으로 연습하게 되었다. 계속 연습하다 보니 들을 때 더 집중이 잘되었다. 영상을 보면서 들은 영어 표현이 정확한 스펠링이나 문법은 몰라도 입으로 터져 나오기 시작했다.

Tip **함께 보면 좋은 유아용 DVD 모음**

벤앤벨라(Ben & Bella) / 찰리와 롤라(Charlie and Lola) / 클로이의 요술 옷장(Chloe's Closet) / 핸디 매니(Handy Manny) / 까이유(Caillou)

영어 더빙이 잘된 우리나라 애니메이션

선물공룡 디보 / 타요

: 처음 영어를 접하는 아이에게 노출하기 좋은 DVD 시리즈 :

우리 집 인기 DVD 시리즈를 소개한다. 대개의 에피소드가 아이들 생활과 밀접한 관련이 있어 아이들이 자기 이야기인 듯 좋아한 기억이 있다. 어린이집이나 유치원에 들어가는 다섯 살 무렵이라면 금세 DVD의 주인공에 감정이 이입될 것이다.

Peppa Pig
페파 피그

영어와 중국어를 동시에

엄마, 아빠, 누나와 남동생으로 구성된 돼지 가족의 이야기다. 영국식 발음이 특징이다. 생활 속에서 많이 쓰는 표현들이 영어와 중국어로 더빙돼 다중 언어 노출을 할 수 있어 좋다.

▶ 권장 나이 : 5세 이상

Max & Ruby
맥스 앤 루비

영어와 관계를 동시에

일곱 살 누나와 세 살 남동생, 토끼 남매의 에피소드를 다룬 애니메이션으로, 미국식 발음이 특징이다. 어린아이들이 쓰는 쉬운 영어를 만날 수 있고 남매 간 우애를 엿볼 수 있다. 영어 노출이 처음이라면 〈맥스 앤 루비〉 시리즈를 권한다.

▶ 권장 나이 : 5~6세

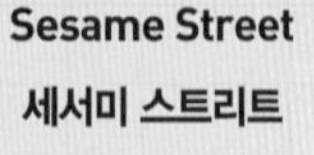

Sesame Street
세서미 스트리트

우리 집 영어 유치원

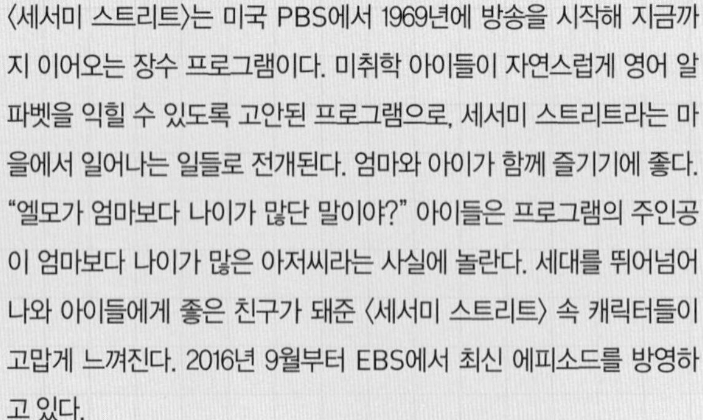
〈세서미 스트리트〉는 미국 PBS에서 1969년에 방송을 시작해 지금까지 이어오는 장수 프로그램이다. 미취학 아이들이 자연스럽게 영어 알파벳을 익힐 수 있도록 고안된 프로그램으로, 세서미 스트리트라는 마을에서 일어나는 일들로 전개된다. 엄마와 아이가 함께 즐기기에 좋다. "엘모가 엄마보다 나이가 많단 말이야?" 아이들은 프로그램의 주인공이 엄마보다 나이가 많은 아저씨라는 사실에 놀란다. 세대를 뛰어넘어 나와 아이들에게 좋은 친구가 돼준 〈세서미 스트리트〉 속 캐릭터들이 고맙게 느껴진다. 2016년 9월부터 EBS에서 최신 에피소드를 방영하고 있다.

▶ 권장 나이 : 5~7세

Little Einsteins

리틀 아인슈타인

영어와 명화, 고전음악을 동시에

명화와 고전음악을 접목한 애니메이션 시리즈로, 매회 명화와 클래식에 대한 이야기가 펼쳐진다. 〈리틀 아인슈타인〉의 지휘자인 여섯 살 레오와 노래를 좋아하는 네 살 애니, 춤을 좋아하는 여섯 살 준과 바이올린, 기타, 트럼펫 등 여러 악기를 연주할 수 있는 여섯 살 퀸시가 등장한다. 네 명의 아이와 한 대의 로켓이 매회 주어진 미션을 해결한다.
〈리틀 아인슈타인〉은 시청자의 참여를 유도하는 양방향 프로그램이다. 문제가 발생하면 등장인물이 정면을 응시하며 화면을 보고 있는 아이에게 말을 건다. 위급 상황에서 함께 행동하면 위기를 더 빨리 헤쳐 나갈 수 있다고 손을 내민다.

▶ 권장 나이 : 6~7세

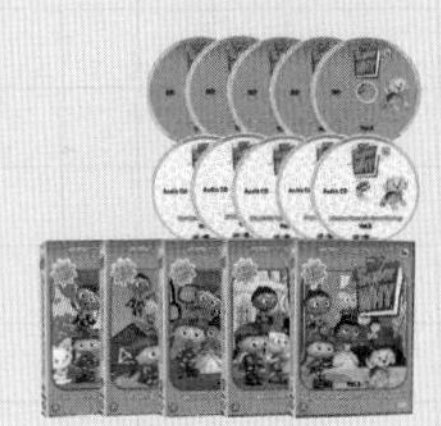

Super Why

슈퍼와이

도서관 속 책 여행을 떠나자

〈슈퍼와이〉는 도서관 비밀 책장 속 스토리북 빌리지에 사는 네 아이의 이야기다. 일상생활에서 문제가 발생하면 아이들은 그 문제와 유사한 사건을 다루는 책을 찾는다. 책 속으로 들어가 힘을 합쳐 책 속 사건을 해결하고, 다시 일상으로 돌아와 생활 속 문제를 해결한다.
일상에 문제가 생기면 와이엇은 친구들을 불러 모아 도움을 요청한다. 그러면 친구 중 한 명인 프린세스 피가 요술 봉을 휘두르며 해답을 알려 줄 책을 가져오고, 네 아이는 모두 손을 잡고 변신하여 지혜를 모은다.

▶ 권장 나이 : 6~7세

아이 스스로 좋아하는 시리즈를 직접 찾는 방법도 있다. 다음 링크를 참조하자.

미국 공영 방송 PBS Kids
https://pbskids.org

Part1_미국 공영 방송 PBS Kids

영국 BBC 어린이 방송
http://asia.cbeebies.com

Part1_CBeebies

2단계 – 읽어주기①

영어책과 친해지는 시간(5~9세)

아이가 영어 듣기에 어느 정도 적응했다면 이제 활자를 보여주자. 모국어와 마찬가지로 영어도 '선-듣기 후-읽기'의 원칙을 지키는 것이 좋다. 여기서 읽기란 아이가 직접 읽는 것이 아니라 엄마가 읽어주는 것을 말한다. 이 시기에는 파닉스 규칙이나 문법은 가볍게 패스하자. 귀로 듣는 소리가 눈으로 식별할 수 있는 활자의 형태로 존재한다는 걸 보여주는 정도로만 접근하자. 부담 없이 읽어주는 행위로 영어책을 좋아하는 아이가 되는 지름길을 마련해주면 된다.

영어 그림책 읽어주기 첫 단추 : 미끼 책이 필요하다

모국어 소리에 익숙해서일까. 엄마는 영어 그림책을 읽어주려고 애쓰는데, 아이는 굳이 우리말 책을 읽어달라고 해서 실랑이를 벌이는 장면을 도서관에서 자주 보았다. 우리 집 큰아이도 영어책을 읽어주려고 하면 은근슬쩍 한글책을 들이밀기 일쑤였다. 책 읽어주는 걸 좋아하는 아이라도 영어책의 세계로 끌어들이기는 은근히 까다롭다.

● 영어책 전문 서점을 적극 활용하자

다섯 살 큰아이를 영어책의 세계로 끌어들이기 위해 나는 먼저 미끼가 될 만한 책을 구했다. 아이와 함께 코엑스에서 열린 영어교육박람회를 찾은 날, 아이가 지칠 것을 대비해 유모차에 앉히고 영어책 전문 서점이 모여 있는 부스로 향했다. 아이에게 마음에 드는 책을 직접 골라보라고 하니 몇 권을 들고 왔다. 그때 고른 책이 빌 마틴 주니어가 글을 쓰고 에릭 칼이 그림을 그린 〈Brown Bear, Brown Bear, What do you see?〉와 에릭 칼의 〈The Very Hungry Caterpillar〉였다. (2009년의 일이다. 10년이 지난 지금 이 두 권의 책이 산후조리원에 가져가는 '우리 아이 첫 영어 그림책'이라 불린다니 새삼 놀라웠다.) 오디오 CD를 함께 구매해 집으로 돌아오는 길에 차 안에서 〈Brown Bear, Brown Bear, What do you see?〉 CD를 틀었다. 아이는 차만 타면 같은 CD를 틀어달라고 했고, 금세 이 책 한 권을 외웠다. 〈The Very Hungry Caterpillar〉는 큰아이의 첫 베드타임 영어 그림책이 되었다. 이 모든 과정을 작은아이도 뱃속에서 함께했다.

● 영어 그림책 원화전에 가보자

여세를 몰아 당시 예술의 전당에서 열린 〈동화책 속 세계여행〉 전시를 찾았다. 큰아이는 앤서니 브라운의 따뜻하고 섬세하면서 친근한 고릴라 그림에 관심을 보였고 나는 곧 〈Gorilla〉를 사주었다. 이후 다시 영어책 전문 서점에서 에릭 칼과 앤서니 브라운의 책을 몇 권 더 샀다. 그때 산 책들은 기꺼이 미끼 영어책이 되어주었다.

"엄마, 여기 에릭 칼 책 있어요!"

대형 서점에 갈 때마다 다섯 살 큰아이는 꼭꼭 숨어 있는 두 작가의 그림책을 용케도 찾아냈다. 그러면 한 권씩 사주었다. 좋아하는 작가의 전작을 수집하는 계기가 됐다.

● 영어책 읽어주기 자료를 찾아보자

큰아이에게 영어 그림책을 읽어주다가 영미권 그림책의 매력에 푹 빠졌다. 세상에 이런 신세계를 이제야 발견하다니 안타까울 정도였다. 영미권 그림책에 대해 공부하고 싶어서 검색하다가 '이명신 영어 동화 교육원'을 알게 되었다. 작은아이 출산 직후 출산 휴가 기간에 12주 차 영어책 읽어주기 프로그램을 수강하기도 했다. 그때 처음으로 영미권 작가들의 삶에 대해 알게 되었다. 작가를 알고 그림책을 보니 더 좋았다.

영어 그림책 읽어주기에 꽂힌 나는 유튜브 동영상을 뒤지며 원어민의 발음과 억양을 따라 했다. 그림책 작가가 직접 읽어주는 영상을 보면 영어 그림책 읽어주기의 색다른 재미를 느낄 수 있다. 우리 집 아이들은 나와 영상 속 작가가 똑같다고 박수를 쳤고 나는 자신감을 얻었다.

영어책 읽어주기가 망설여진다면 유튜브에 작가명이나 그림책 제목 또는 '영어 그림책'이나 '영어 스토리텔링'으로 검색하면 동영상 자료가 많다. 유용하게 활용하자.

● 한글책만 고집하는 아이에겐 쌍둥이 책을 보여주자!

쌍둥이 책이란 같은 그림책의 한글 버전과 영어 버전 두 권 세트를 말한다. '시공주니어 네버랜드 세계 걸작 그림책' 시리즈나 '비룡소의 그림동화' 시리즈는 유아와 초등학교 저학년 독자를 위해 세계적으로 인정받는 현대 작가들의 그림책을 엄선해 우리말로 번역한 대표 시리즈다. 이처럼 잘 만들어진 그림책을 우리말로 읽어주다가 아이가 좋아하는 작품이 생기면 같은 책으로 원작을 구하면 된다. 한글로 번역된 그림책의 경우 인터넷 서점에서 쉽게 구입할 수 있다. 쌍둥이 책을 함께 읽어주면서 영어 그림책에 대한 아이의 거부감을 줄여보자. 나도 큰아이가 초등학교 1학년 때 학교에서 책 읽어주는 엄마로 활동하면서 아이 반 친구들에게 쌍둥이 책을 읽어준 적이 있다. 영어를 처음 접하는 친구들에게 영어에 대한 친근한 인상을 심어주기 위해 개발한 읽기 방식이지만 사실 큰아이 수민이는 쌍둥이 책 읽기를 썩 좋아하진 않았다. 영어를 처음 접할 때 잠깐 도움은 되겠지만 영어를 공부하기 위해 영어책을 읽는 거라면 영어책의 비중을 늘려갈 필요가 있다는 것이 그 아이의 생각이었다. 한글책에 대해서도 같은 생각이었다. 한글이든 영어든 각각 충실히 집중해서 읽는 것이 중요하다고 하던데, 공부를 지속하려면 분명 이런 태도가 필요하다.

영어 그림책 읽어주기 두 번째 단추 : 규칙이 필요하다

일곱 살, 세 살인 두 아이와 함께 우리 집 영어 그림책 읽어주기 규칙을 만들었다. 책 선정은 아이들의 선택에 맡기되, 한글책 다섯 권을 고르면 영어책도 다섯 권을 고르는 것으로 권수를 맞추었다. 그리고 낮에는 한글책을, 밤에는 영어책을 읽어주기로 했다.

그림책의 특성상 그림의 비중이 크기 때문에 글만 읽으면 그림책을 제대로 읽은 것이 아니다. 그림책 속 그림을 읽어내는 것이 그림책 읽기의 중요한 요소다. 한글을 일찍 깨친 큰아이가 한글 그림책을 읽을 때 그림을 보지 않고 글에만 집중하는 것이 안타까웠다. 영어 그림책에서라도 책 속 그림을 볼 수 있도록 유도하고 싶었다. 그림책 속 아름다운 그림에 아이의 시선이 좀 더 오래 머물길, 그림을 보면서 맘껏 상상하고 전체 스토리를 유추하며 자신의 생각을 끌어내보길 바라는 마음이 컸다. 당시 한 글자 두 글자 한글을 손가락으로 짚어가며 스스로 읽는 재미를 느끼기 시작한 아이에게, 외국어 그림책만이 해줄 수 있는 몫이었다.

또한 이중 언어 환경을 만들기 어려운 우리나라에서 그림책 세상에서만이라도 이중 언어 환경이 되길 바라는 내 욕심도 작용했다. 한글 그림책과 영어 그림책 비중을 1:1로 정한 이유다.

● 영어 그림책 준비하기

1. 매일 도서관에 간다.
2. 오늘의 그림책을 고른다. 집으로 빌려간다.
   예 큰아이 : 한글책 5권 + 영어책 5권
   작은아이 : 한글책 5권 + 영어책 5권
   한글책 : 총 10권, 영어책 : 총 10권
3. 낮(6시 이전)에는 한글책을 읽어준다.
4. 밤(6시 이후)에는 영어책을 읽어준다.

오늘 큰아이가 고른 5권을 먼저 읽어주었다면 내일은 작은아이가 고른 5권을 먼저 읽어준다. 또 읽어달라고 하면 또 읽어준다. 그만 읽어달라고 할 때까지 계속 읽어준다.

영어 그림책 읽어주기 세 번째 단추 : 큰아이, 작은아이 함께

큰아이와 작은아이는 네 살 터울이다. 큰아이가 다섯 살에 작은아이는 한 살, 큰아이가 초등학생일 때 작은아이는 미취학, 큰아이가 중고등학생일 때 작은아이는 초등학생이다. 연령에 따른 영어 실력차가 상당 부분 존재한다는 의미다.

이럴 땐 어떻게 읽어주어야 할까? 나는 작은아이 손을 들어주었다. 가족이 함께하는 책 읽어주기 시간에 누군가 소외되는 일이 있으면 안 된다는 것이 나의 기본 입장이었다. 그림책은 남녀노소 누구나 읽으면 좋은 책이다. 쉬운 책이 주는 정서적인 안정은 덤이다. 이러한 쉬운 책 읽기는 큰아이에게는 기초 영어 실력을 탄탄하게 하고 작은아이가 영어를 좋아하도록 이끌었다. 자녀가 한 명만 있는 집이라면 부모가 아이와 함께 그림책을 읽는 것이 필요하다.

책을 고르는 취향에서도 두 아이는 극명한 차이를 보였다. 홀랜드 유형 R-I(실재-탐구)형인 큰아이는 사물 그림책을 좋아해서 앤 모리스나 도널드 크루스의 그림책을 선호했다. 이러한 취향은 논픽션 읽기로 이어졌다. 홀랜드 유형 S-A(사회-예술)형인 작은아이는 스토리 중심의 그림책을 주로 골랐다. 〈찰리와 롤라〉 시리즈의 로렌 차일드나 그렉 피졸리의 그림책을 특별히 더 좋아했다. 학교 원어민 영어선생님께 말을 걸고 영어 회화 시간을 기다릴 정도로 좋아하는 아이는 등장인물 간 대화가 많은 책을 좋아했다. 나는 홀랜드 유형 예술형과 탐구형이 같은 점수가 나와 A-I 또는 I-A(예술-탐구 또는 탐구-예술)형이다. 그래서인지 몰라도 아름다운 그림책에 끌린다. 영어 그림책을 고르는 기준이 '그림이 아름다워야 한다.' 이다.

큰아이, 작은아이 가리지 않고 공평하게 각 5권씩 하루 10권의 영어 그림책을 읽어주었다. 가끔 내가 좋아하는 작가의 전작을 빌려와 읽어주기도 했다. 이러한 읽어주기 방식은 아이의 관심사를 확장하고 다채로운 그림책을 만날 수 있게 해주어 자칫 지루해질 수 있는 영어 그림책 읽어주기를 오래 지속할 수 있도록 도와주었다.

그 무엇보다 효과적인 베드타임 스토리

영어책을 읽어주기에 가장 좋은 시간대는 아이들이 잠자리에 들어 꿈나라로 떠날 무렵이다. 한글책은 아이들이 읽어달라고 할 때마다 시도 때도 없이 읽어주었지만 잠자리에 들었을 때는 영어 그림책을 읽어주었다. 아이들은 씻고 양치질을 하고 잠옷을 갈아입은 다음 영어 그림책을 5권씩 챙겼다. 두 아이 합쳐서 매일 10권의 영어 그림책을 읽어주었다. 하루 일과를 모두 마무리하고 엄마가 책 읽어주는 소리를 자장가 삼아 잠이 드는, 하루 중 가장 편안한 시간에 아이들은 영어 그림책을 만났다. 아이들의 마음 상태가 가장 편안할 때 영어 그림책을 읽어주어 우리 아이들이 영어책을 편안하게 받아들였던 것 같다.

아이가 잠자리에 들면, 영어 학습과 문학적 감수성을 동시에 잡을 수 있는 영어 그림책을 소리 내어 읽어주자. 엄마 목소리와 함께 꿈나라로 가는 여행길이 더욱 행복해질 것이다. 영미권 엄마들도 매일 밤 잠자리에서 책 읽어주기를 실천하며 그 시간대를 'bedtime story'라 이름 붙였다니, 전 세계 아이들에게 통하는 방법임이 틀림없다.

수민 생각

어릴 적에는 엄마가 낮에는 한글책을 읽어주시고 잠자기 전에는 꼭 영어책을 읽어주시는 것이 이상했다. 영어책보다 한글책이 더 재미있어 자기 전에도 한글책을 읽어달라고 여러 번 항의하기도 했다. 그러나 시간이 지나자 영어책도 점점 재미있어졌다. 자기 전에 편안하게 들어서 영어책을 편하게 받아들일 수 있었던 것 같다. 논픽션 영어책은 평소 궁금했던 자연 현상에 대해 알려주어서 좋았고, 에릭 칼 등의 동화 그림책은 색채와 그림을 감상할 수 있어서 좋았다.

다섯 살 때 처음으로 잠자리에서 엄마가 영어책을 읽어주셨다. 그 느낌이 너무 좋아 동생 수린이에게 전하고 싶었다. 일곱 살 때부터는 내가 읽고 재미있었던 책을 수린이에게 읽어주었다. 당시 수린이는 말은 못 해도 재미있게 들어주었다. 다섯 살 때 말문이 트인 수린이는 엄마가 영어책을 읽어주셨을 때보다 내가 읽어주었을 때가 더 재미있었다고 했다. 언제나 엄마보다 나에게 후한 점수를 주는 수린이 덕분에 나는 영어 스토리텔러가 될 수 있었다.

일곱 살 때 유치원 대신 다닌 동네 도서관에서는 토요일마다 고등학생 언니 오빠들이 영어책 읽어주기 봉사활동을 했다. 하루는 내가 영어 그림책을 혼자 중얼중얼 읽고 있었는데 봉사자 언니 오빠들이 그 소리를 듣고 우르르 몰려와 발음이 좋다며 폭풍 칭찬을 했다. 매일 밤 엄마가 영어 그림책을 읽어주셨을 때 그 발음을 듣고 계속 따라 하다 보니 내 발음도 좋아진 것 같은데, 고등학생 언니 오빠들까지 칭찬하자 계속 영어책을 소리 내서 읽고 싶어졌다. 그 기분이 좋아 나도 동생 수린이가 한 마디만 따라 해도 칭찬했다. 그러자 어느새 수린이도 영어책 읽기를 좋아하게 되었다. 영어 공부를 하는 데 칭찬만큼 좋은 건 없는 것 같다.

중학생인 지금 나는 동네 영어 전문 도서관에서 '영어 그림책 스토리텔러'로 활동하고 있다. 네다섯 살부터 초등학교 고학년까지, 동네 동생들이 참여 대상이다. 40분간의 영어 스토리텔링을 하기 위해 두 시간 이상 준비하기도 한다. 책 선정부터 시작해 독서 전 활동과 읽어주기, 독후 활동까지 뭘 할지 고민하고 필요하면 교구도 직접 제작하기 때문에 시간이 많이 들지만 영어 공부도 되고 봉사 점수도 받으니 일석이조다. 내가 어릴 때 엄마가 해주셨던 방식에 요즘 아이들의 취향을 반영해 나만의 커리큘럼을 만들어가고 있다. 엄마가 읽어주신 책 말고 내가 직접 고른 책을 읽어줄 때 더 재미있다. 언젠가 영미권 그림책 여행을 떠나고 싶다.

2단계 - 읽어주기②

영어책 읽어주기 단계별 도전

영어 그림책 읽어주는 방법

아이들에게 그림책을 읽어줄 때 테솔 과정에서 배운 읽어주는 방법을 적극 활용했다. 단, 이때는 혼자 읽기 레벨로 아이의 리딩 수준을 끌어올리기 위한 방식이 아니라, 영어 그림책이라는 좋은 장난감을 활용해 '놀이 영어' 방식으로 접근했다. 먼저 책을 도서관에서 빌려오면 다음의 순서로 읽는다.

책 구경 → Picture Walk → Read Aloud → Shared Reading

처음에는 큰아이 5권, 작은아이 5권, 총 10권의 영어 그림책을 매일 읽어줬는데, 다음의 방식을 따랐다.

1. 책 구경

왜 그 책을 골랐는지 아이들의 책 선정 사유를 충분히 듣는다.

2. Picture Walk(그림으로 책 읽기) 중심으로

그림책 속 그림을 중심으로 이야기를 나눈다. 상상력을 자극한다.

3. Read Aloud(소리 내어 읽어주기) 중심으로

책을 소리 내어 읽어준다. 동물 이름, 의성어, 의태어 및 라임이 반복되는 구절 등 아이들의 관심을 끄는 부분은 들으면서 동시에 문자를 볼 수 있도록 손가락으로 짚어준다.

4. Shared Reading(따라 읽기, 돌아가며 읽기, 빈칸 채워 읽기) 중심으로

소리 내어 읽어주다가 동물 이름, 의성어, 의태어 및 라임이 반복되는 구절이 나오면 아이들이 직접 읽을 수 있도록 유도한다.

총 10권의 영어 그림책을 위 순서로 읽어주고 나면, 아이들의 관심사에 따라 더 읽고 싶은 책과 그만 읽고 싶은 책으로 나뉜다. 더 읽고 싶은 책은 따로 두었다가 아이들이 잠자리에 들면 또 읽어주었다.

10권의 영어 그림책 중 아이가 특별히 좋아하는 책이 생기면 다음과 같은 단계를 거쳐 스스로 읽을 수 있도록 도와주었다.

Guided Reading → Independent Reading

5. Guided Reading(다양한 활동을 하며 책 내용 파악하기) 중심으로

아이가 특별히 좋아하는 영어 그림책이 생겼다면 다양한 활동을 하면서 온몸으로 읽기를 시도해보자.

예를 들어, 마이클 로젠의 〈We're Going on a Bear Hunt〉를 읽을 때는 곰 사냥을 하러 가는 동안 만나는 장애물을 종이에 그려 준비한다. 거실 바닥에 간격을 두고 한 장씩 깔아서 그림책 속 배경을 그대로 재현한다. 실제로 그림책 속 주인공이 되어 곰 사냥을 떠난 것처럼 연기하는 것이 포인트다. 거실을 지나가면서 책 내용을 따라 읽어보자. River(강), Mud(진흙), Forest(숲), Snowstorm(눈보라), Cave(동굴)를 반복한다.

작가 낭독 예 : 마이클 로젠의 〈We're Going on a Bear Hunt〉

Part 1_마이클 로젠 We're going on a bear hunt

6. Independent Reading(아이 스스로 읽기) 중심으로

Guided Reading을 여러 번 반복하면 아이들은 영어 문장을 외우게 된다. 체득한 문장은 Independent Reading(아이 스스로 읽기)을 할 수 있도록 돕는다. 일곱 살 큰아이는 세 살 작은아이에게 영어 그림책 읽어주기를 실제로 하기도 했다.

● 영어 그림책 구매하기

1~6의 모든 단계를 마친 경우, 아이가 좋아하는 책은 반복해서 같이 읽었다. 그런 책은 일주일에 한두 권 정도였는데, 매일 영어 그림책 10권을

읽어준 것에 비하면 참으로 귀한 숫자다. 이러한 영어 그림책은 명예의 전당에 올려 베스트 컬렉션 목록으로 특별 관리를 했다.

도서관에서 빌리는 빈도가 높거나 계속 읽어달라고 조르는 영어 그림책과 명예의 전당에 오른 책들은 제목을 정리해두었다가 한 달에 한 번 일괄 구입했다. 시간이 지날수록 영어 그림책 베스트 컬렉션은 점점 늘어났다.

그림책 선택은 무조건 아이에게 맡겨라!

영어 그림책 선정 기준을 묻는 분이 많다. 가장 우선시해야 할 기준은 '아이가 좋아하는 책'이다. 한글책이든 영어책이든 아이가 관심을 보이는 책부터 읽어주어야 한다. 처음 영어책을 읽어줄 때 여러 책을 골고루 읽어주는 것보다 중요한 것이 아이의 책 취향을 존중하는 것이다. 아이가 좋아하는 책을 그만 읽어달라고 할 때까지 여러 번 반복해서 읽어주면서 아이 스스로 관심 영역을 넓힐 때까지 기다려주어야 한다.

"우리 아이는 공룡책만 읽어요. 다른 책도 좀 보라고 공룡책을 숨겼어요."라는 식의 하소연을 종종 접한다. 아이가 공룡에 심취해 있다면 공룡책을 더 읽어주는 것이 좋다. 공룡 그림책에서 공룡 백과사전, 공룡이 나오는 애니메이션과 공룡 줄글 책, 공룡이 나오는 내셔널 지오그래픽 논픽션에 이르기까지 넓고 깊게 확장해서 보여주면 된다.

아이가 관심을 보인다면 아이의 이해 능력보다 조금 높은 수준의 책을 시도할 기회가 온 것이다. 쉬운 책으로 자신감을 얻고, 수준에 맞는 책으로 흥미를 유지하고, 조금 높은 수준의 책을 제시해 아이가 도전할 수 있도록 도와주자. 아이의 관심사에 따라 쉬운 책에서 어려운 책으로 이끌어 준다면 아이의 독서력은 훌쩍 자랄 것이다.

Mother's Pick Day(엄마가 고른 책 읽는 날)

아이들은 스스로 고른 책을 읽기를 좋아한다. 아이들이 골라온 책을 읽어주면서 아이들의 책을 고르는 안목에 놀라기도 하고 배우기도 했지만, 영미권 그림책 애호가로서 내가 아이들에게 꼭 소개하고 싶은 책도 많았다.

한 달에 한 번 날을 잡아 Mother's Pick Day를 만들었다. 그날만큼은 아이들에게 내 취향의 책들을 대거 소개했다. 책을 읽어주며 작가의 삶과 작품 세계 등 작품과 관련된 다양한 내용들을 함께 알려주는 식이다. 아이들은 엄마가 좋아하는 책을 기꺼이 좋아해주었다.

Tip 책장 정리 노하우

아무리 엄마표 영어를 진행해도 웬만해선 아이들이 먼저 영어 그림책에 손을 대진 않을 것이다. 어떻게 하면 아이들이 영어 그림책을 스스로 찾게 될까?

나는 아이의 책장 정리에 각별히 신경을 썼다. 아이 손이 닿는 가장 가까운 곳, 아이의 키에 가장 잘 맞는 높이, 아이 눈에 가장 잘 띄는 곳에 영어 그림책을 두었다. 차곡차곡 모아온 영어 그림책을 기간 간격을 두고 몇 권씩 바꿔가며 진열했다.

아이들은 책을 찾아가며 읽지 않는다. 자기가 가장 좋아하는 자리에 앉아서 자신의 눈높이에 있는 책을 꺼내 읽는다. 아이들은 구석진 곳을 좋아한다. 우리 아이들 방에 벙커 침대가 있었는데 벙커 아래쪽이 아이가 가장 좋아하는 공간이었다. 그곳에 한번 들어가면 한 시간이고 두 시간이고 나오지 않았다. 나는 아이들의 이러한 습성을 최대한 활용해 책을 배치했다. 구석진 곳을 둘러 책장을 설치하고 유아용 논픽션 시리즈를 꽂았다. 아이 눈높이에 작가별, 테마별로 영어 그림책을 바꿔가며 꽂았다.

일주일이나 2주일 간격으로 책장을 새로 정리했다. 아이가 늘 같은 책만 읽는다면 아이의 동선을 분석해 특별히 좋아하는 장소를 파악하자. 그곳에 책을 꽂아두면 아이는 반드시 들춰본다. 그때 은근슬쩍 다가가 읽어주면 된다.

: 작가별 그림책 읽기(ABC 순) :

국내에 번역된 책은 영문 도서명 옆에 한글 도서명을 표기했다. 영한 쌍둥이 책으로 활용할 수 있다.

Ann Morris 앤 모리스

현장을 담은 생생한 사진이 특징이다. 빵, 집, 모자, 구두 등 한 가지 사물이 세계 각국에서 어떤 형태로 어떻게 사용되는지 다양하게 보여준다. 문장에서 같은 단어가 반복적으로 사용되므로, 대표 단어가 나오면 아이가 직접 읽게끔 참여시키는 Shared Reading 교재로 적합하다.

Bread, Bread, Bread

Houses and Homes

Hats, Hats, Hats

Shoes, Shoes, Shoes

Anthony Browne 앤서니 브라운

우리말로 번역된 책이 많아서, 영어 그림책을 거부하는 아이에게 우리말 책과 연계해서 보여주기 좋다. 고릴라와 바나나를 즐겨 그리는 앤서니 브라운은 그림 속에 고릴라와 바나나 그림을 숨겨놓았다. 숨은그림찾기를 좋아하는 아이라면 앤서니 브라운의 책을 권한다. Willy 시리즈와 가족 시리즈로 스토리를 이어서 읽으면 좋다.

Gorilla
〈고릴라〉(비룡소)

Willy the Dreamer
〈꿈 꾸는 윌리〉(웅진주니어)

My Dad
〈우리 아빠가 최고야〉(킨더랜드)

Zoo
〈동물원〉(논장)

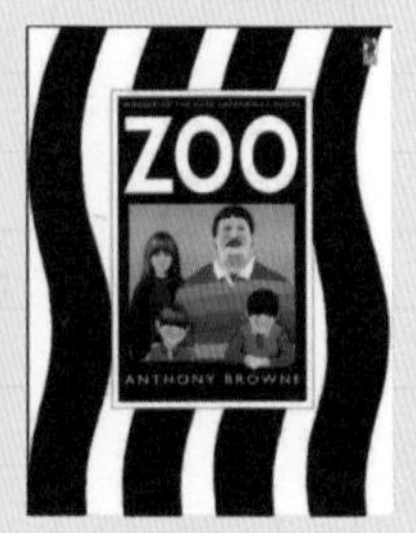

Audrey Wood & Don Wood 오드리 우드 & 돈 우드

아내 오드리 우드가 글을 쓰고 남편 돈 우드가 그림을 그려 30여 권이 넘는 그림책을 만들었다. 〈King Bidgood's in the Bathtub〉으로 칼데콧상을 받았고 이후 많은 상을 받으면서 세계적인 부부 그림책 작가가 되었다. 환상적이면서도 사실적인 그림에 운율이 반복되는 문장이 특징이다. 페이지를 넘길 때마다 운율이 쌓여 읽는 재미를 더한다.

King Bidgood's in the Bathtub
〈그런데 임금님이 꿈쩍도 안 해요!〉(보림)

The Napping House
〈낮잠 자는 집〉(보림)

The Little Mouse, the Red Ripe Strawberry, and the Big Hungry Bear
〈생쥐와 딸기와 배고픈 큰 곰〉(문진미디어)

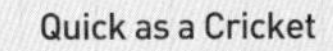
Quick as a Cricket

David Mckee 데이비드 맥키

회색 코끼리 사이에서 혼자 다른 외모를 가진 엘머는 늘 외로워하지만 결국 자신의 개성을 받아들이고 스스로 소중한 존재임을 깨닫는다. 데이비드 맥키의 대표 캐릭터 엘머는 아이들에게 인기 만점으로 총 12종에 이른다. 엘머 시리즈 외 〈Not now, Bernard〉, 〈The Conquerors〉, 〈Two Monsters〉도 함께 읽기를 추천한다.

Elmer
〈코끼리 엘머와 친구들〉(토마토하우스)

Not now, Bernard
〈지금은 안 돼, 버나드〉(달리)

The Conquerors
〈세상에서 가장 행복한 전쟁〉(베틀북)

Two Monsters
〈동쪽괴물 서쪽괴물〉(국민서관)

David Shannon 데이비빗 섀논

데이비빗 섀논의 작품 속 David은 우리 아이들을 쏙 빼닮은 캐릭터다. 대표작 〈No, David!〉은 〈뉴욕 타임스〉가 뽑은 '최고의 그림책', 학교 도서관 협회지가 선정한 '최고의 책' 등 많은 상을 수상했다. 미워할 수 없는 말썽쟁이 데이비빗의 매력에 빠져보자.

No, David!
〈안 돼! 데이비빗〉(지경사)

David Goes to School
〈유치원에 간 데이비빗〉(지경사)

Too Many Toys
〈장난감이 너무 많아〉(나무상자)

A Bad Case of Stripes
〈줄무늬가 생겼어요〉(비룡소)

Donald Crews 도널드 크루스

도널드 크루스는 화물 열차, 트럭, 스쿨버스, 비 등 사물을 단순하고 강렬하게 극대화해서 표현하는 그림책 작가다. 〈Freight Train〉과 〈Truck〉은 칼데콧상을 받았다. 도널드 크루스의 그림책은 앤 모리스의 그림책과 함께 우리 아이 영어 논픽션 입문서로 좋다.

Freight Train	Truck	Rain	Shortcut
〈화물열차〉(시공주니어)	〈트럭〉(시공주니어)	〈비〉(시공주니어)	〈지름길〉(논장)

Dr. Seuss 닥터 수스

영문학을 전공한 닥터 수스는 음운학을 기초로 그림책 속 문장을 구성했다. 쉽고 기본적인 문장이 운율에 맞춰 반복되며 읽기 능력 향상을 돕는다. 그가 만든 60권 이상의 그림책 중 10권 이상이 '전미교사협회 100대 어린이 책'에 선정됐을 정도로 영향력 있는 작가다. 〈The Cat in the Hat〉은 애니메이션으로도 만들어져 그림책과 애니메이션을 함께 보면 더욱 좋다.

The Foot Book	If I Ran the Zoo	The Cat in the Hat	Hop on Pop

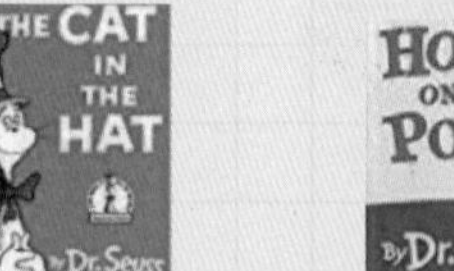

Eileen Browne 에일린 브라운

아프리카 소녀 Handa의 이야기를 담은 아름다운 그림책 〈Handa's Surprise〉가 대표작이다. 이국적인 그림과 따뜻한 글이 인상적이다.

Handa's Surprise	Handa's Hen	Handa's Surprising Day	Boo Boo Baby and the Giraffe

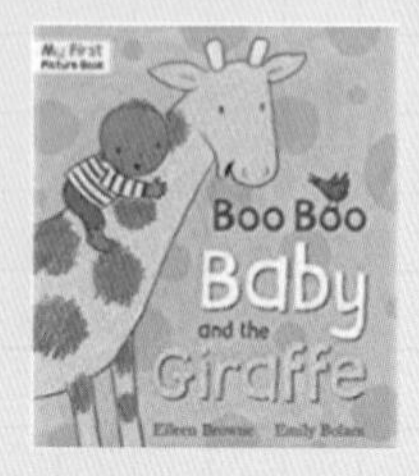

Emily Gravett 에밀리 그래빗

첫 작품 〈Wolves〉로 케이트 그린어웨이상과 네슬레 스마티즈상을 수상했다. 작품마다 작가의 따뜻한 감성이 밴 동물 캐릭터가 등장한다. 동물을 좋아하는 아이라면 에밀리 그래빗의 그림책을 읽어주기를 권한다.

Wolves

Again!
〈또 읽어 줘!〉(푸른숲주니어)

Orange Pear Apple Bear

Tidy 〈이제 숲은 완벽해!〉
(주니어김영사)

Eric Carle 에릭 칼

빌 마틴 주니어가 글을 쓰고 에릭 칼이 그림을 그린 첫 그림책 〈Brown Bear, Brown Bear, What Do You See?〉는 국내 대표 영어 그림책 중 하나다. 에릭 칼의 강렬하고 선명한 그림과 빌 마틴 주니어의 반복되는 문장이 잘 어우러져 아이의 눈과 귀를 사로잡는다. 이후 자신의 첫 그림책 〈The Very Hungry Caterpillar〉는 30여 개 나라 말로 번역되어 총 2천만 권 이상이 팔렸다. 전 세계 아이들에게 인기 있는 작가다.

Brown Bear, Brown Bear,
What Do You See?
〈갈색 곰아, 갈색 곰아,
무엇을 보고 있니?〉(더큰)

The Very Hungry
Caterpillar
〈배고픈 애벌레〉(더큰)

From Head to Toe

Papa, Please Get the
Moon for Me
〈아빠, 달님을 따 주세요〉(더큰)

Greg Pizzoli 그렉 피졸리

5~7세 아이들을 쏙 빼닮은 귀여운 동물 주인공이 겪는 기승전결이 뚜렷한 스토리가 특징이다. 걱정, 두려움, 과한 승부욕 등 일상에서 아이들이 느끼는 감정을 투명하게 보여주며 엉뚱하지만 따뜻한 결말로 이끈다. 아이들은 주인공에 공감한다.

The Watermelon Seed
〈수박씨를 삼켰어!〉(토토북)

Good Night Owl
〈잘 자, 올빼미야!〉(토토북)

Number One Sam
〈네가 일등이야!〉(토토북)

The 12 Days of Christmas

Helen Oxenbury 헬린 옥슨버리

섬세하면서 정감 있는 그림과 유머 가득한 글이 특징이다. 마이클 로젠이 글을 쓰고 헬린 옥슨버리가 그림을 그린 〈We're Going on a Bear Hunt〉는 영어 스토리텔링을 연습하기에 최적의 책이다.

We're Going on a Bear Hunt 〈곰 사냥을 떠나자〉 (시공주니어)

The Three Little Wolves and the Big Bad Pig
〈아기 늑대 세 마리와 못된 돼지〉 (웅진닷컴)

It's My Birthday

John Burningham 존 버닝햄

영국 3대 그림책 작가 중 한 명. 작업실에 들어가면 대여섯 살 아이가 된다고 밝힌 바 있다. 존 버닝햄의 그림책에는 규칙이나 관습에 얽매이지 않는 자유로운 주인공이 자주 등장해서 아이들에게 인기 만점이다. 어른들을 동심의 세계로 안내한다.

Mr. Gumpy's Outing
〈검피 아저씨의 뱃놀이〉 (시공주니어)

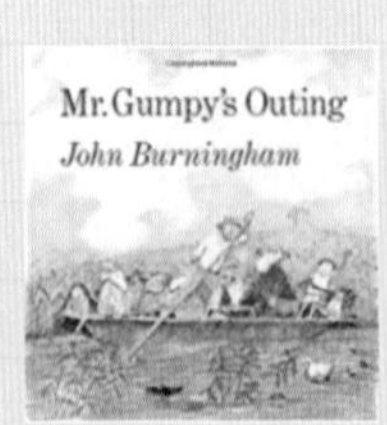

Hey! Get Off Our Train
〈야, 우리 기차에서 내려!〉 (비룡소)

Granpa
〈우리 할아버지〉(비룡소)

John Patrick Norman McHennessy, the boy who was always late
〈지각대장 존〉(비룡소)

Lauren Child 로렌 차일드

오빠 찰리와 여동생 롤라의 일상을 담은 이 시리즈는 애니메이션으로 만들어져 있어 그림책과 함께 보면 더욱 좋다. 다양한 콜라주 기법을 이용한 독특한 그림이 인상적이다.

I Will Never Not Ever Eat a Tomato
〈난 토마토 절대 안 먹어〉
(국민서관)

I Am Not Sleepy and I Will Not Go to Bed
〈난 하나도 안 졸려, 잠자기 싫어!〉
(국민서관)

I Want to Be Much More Bigger Like You
〈나도 키 컸으면 좋겠어〉
(국민서관)

I Can Do Anything That's Everything All On My Own
〈난 뭐든지 혼자 할 수 있어〉
(국민서관)

Leo Lionni 레오 리오니

손자들을 위해 즉흥적으로 잡지를 찢어 만든 첫 그림책 〈Little Blue and Little Yellow〉로 〈뉴욕타임스〉 최고 그림책상을 받았다. 우화 형식으로 철학적인 내용을 담은 스토리가 울림을 준다.

Frederick
〈프레드릭〉(시공주니어)

Swimmy
〈헤엄이〉(시공주니어)

A Color of His Own
〈저마다 제 색깔〉
(마루벌)

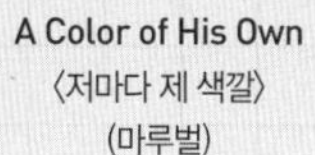

Little Blue and Little Yellow
〈파랑이와 노랑이〉
(물구나무=파랑새어린이)

Nancy Carlson 낸시 칼슨

아동문학 작가이자 삽화가. "모든 사람의 삶이 재미있어야 하고, 특히 아이들의 삶은 더욱 재미있어야만 한다."는 작가의 바람이 그림책에 고스란히 녹아 있다.

I Like Me!
〈난 내가 좋아!〉(보물창고)

How to Lose All Your Friends
〈친구를 모두 잃어버리는 방법〉
(보물창고)

This Morning Sam Went to Mars: A book about paying attention

Loudmouth George and the New Neighbors

Oliver Jeffers 올리버 제퍼스

기발한 상상력이 돋보이는 이야기와 단순하지만 정성이 묻어나는 그림이 특징이다. 그의 그림책은 출간될 때마다 세계적인 베스트셀러가 되며 30개가 넘는 상을 받았다. 어린이 독자들에게 인기가 많다.

The Incredible Book Eating Boy
〈와작와작 꿀꺽 책먹는 아이〉
(주니어김영사)

The Heart and the Bottle
〈마음이 아플까봐〉
(아름다운사람들)

Stuck
〈다 붙어 버렸어!〉
(주니어김영사)

Lost and Found
〈다시 만난 내 친구〉
(리딩북스)

Pat Hutchins 팻 허친스

두 아들과 그들 친구들의 일상생활과 대화에서 아이디어를 얻어 그림책을 만들어 아이들의 심리 묘사가 뛰어나다. 간단한 문장 패턴이 반복되다가 예상을 뒤엎는 반전으로 결말을 맺는 구성이 특징이다. 〈Rosie's Walk〉는 미도서관협회의 '주목할 책'으로 선정되었다.

Titch
〈티치〉(시공주니어)

The Wind Blew
〈바람이 불었어〉(시공주니어)

Rosie's Walk
〈로지의 산책〉(더큰)

The Doorbell Rang
〈자꾸자꾸 초인종이 울리네〉
(보물창고)

Peter Sis 피터 시스

〈샌 디에고 트리뷴〉지가 "Peter Sis의 그림책은 다층적이며 놀랍다. 그의 작품을 한 번만 읽고 이해하는 것은 뉴욕 메트로폴리탄 미술관을 한나절에 다 보는 것과 같다."라는 찬사를 보냈을 정도로 피터 시스의 그림책은 깊이가 있다. 찰스 다윈의 인생과 진화론을 다룬 논픽션 그림책인 〈The Tree of Life〉로 볼로냐 라가치상 논픽션 부문 대상을 받고 지금까지 글로브 혼북상, 칼데콧상 등 20여 개의 상을 받았다. 초등학교 고학년에 추천한다.

Madlenka 〈마들렌카〉(베틀북)	Ice Cream Summer 〈아이스크림 여행〉(시공주니어)	The Wall 〈장벽〉(아이세움)	The Three Golden Keys 〈세 개의 황금 열쇠〉(사계절)

Tony Ross 토니 로스

세계에서 가장 유명한 일러스트레이터 중 한 사람으로 〈Horrid Henry〉 시리즈에 삽화를 그렸고 〈Little Princess〉 시리즈를 만들었다. 주인공 표정만 봐도 스토리 전개가 예상될 정도로 인물 묘사가 뛰어나다. 장난기 가득한 스토리에 아이들이 빠져든다.

Don't Do That!	I Want a Friend! (Little Princess)	Nicky 〈학교 안 갈 거야〉(베틀북)	Our Kid 〈지각한 이유가 있어요〉(스콜라)

William Steig 윌리엄 스타이그

예순이 넘어 그림책 작가가 된 윌리엄 스타이그. 세 번째 책 〈Sylvester and the magic pebble〉로 칼데콧상을 받았고, 미국 어린이들의 기초 학습 능력 향상을 위한 '아이들에게 읽어 주거나 아이와 함께 읽어야 하는 필독서'로 선정되었다. 초록 괴물 〈슈렉〉의 원작자인 윌리엄 스타이그는 풍부한 인생 경험을 바탕으로 명작 그림책을 선보였다.

Pete's a Pizza 〈아빠와 피자놀이〉(비룡소)	Brave Irene 〈용감한 아이린〉(비룡소)	Doctor De Soto 〈치과의사 드소토 선생님〉(비룡소)	Sylvester and the magic pebble 〈당나귀 실베스터와 요술 조약돌〉(다산기획)

디딤돌 1단계

아이에게 좋아하는 캐릭터가 생겼다면 아이의 덕질을 허하라

아이에게 좋아하는 캐릭터가 생겼다면 아이의 덕질을 부추기자. 영어의 바다에 몸과 마음을 담가볼 절호의 기회가 온 것이다. 아이가 좋아하는 캐릭터와 관련된 그림책과 애니메이션, 영화, 사전, 줄글 책 등을 다양하게 노출해 좋아하는 캐릭터를 친구 삼아 영어의 바다에서 실컷 놀 수 있도록 지원하자.

큰아이가 일곱 살이었던 2011년, 유치원생과 초등학생들 사이에서 상당한 인기몰이를 한 애니메이션은 단연 〈닌자고〉였다. 당시 국내에 출시된 〈닌자고〉 DVD가 없어 직구를 해야만 했다. 아이는 어렵사리 구한 〈닌자고〉 DVD를 내레이션을 다 외울 정도로 반복해서 보았다. 1년이 넘도록 매일같이 온 동네 〈닌자고〉 광팬 친구들을 집으로 데려와 함께 봤다. 친구들에게 설명해주기 위해 아이는 더 열심히 봤으리라.

그다음엔 아마존에서 〈닌자고〉 관련 책을 샀다. 그런데 〈닌자고〉 관련 책을 읽자니 어휘에 대한 정확한 정보가 필요했다. 그래서 〈닌자고〉 주인공과 주변 인물, 무기와 사용 기술을 일목요연하게 정리해놓은 〈닌자고 백과사전〉을 사주었다. 이 모든 것이 번역되기 전이어서 〈닌자고〉에 대해 궁금해도 정보를 얻을 수가 없었는데, DVD와 영어책을 통해 〈닌자고〉 관련 정보를 영어로 습득할 수 있었다.

큰아이 일곱 살, 〈닌자고〉 덕질 덕분에 아이의 영어 실력은 수직 상승했다. 영어 DVD를 시청하고 영어 그림책 읽어주는 걸 듣는 단계에서 영상을 보며 따라 하기, 사전을 통해 정보 찾기, 리더스북 읽기, DVD 보면서 영상 번역하기, 영어책 내용 우리말로 번역하기 단계로 껑충 뛰어올랐다.

수민 생각

일곱 살 때 태권도장을 다니며 동네 아이들을 따라 〈닌자고〉를 좋아하게 되었다. 〈닌자고〉에 관한 것이라면 뭐든지 좋았다. 닌자가 되고 싶어서 〈닌자고〉 DVD를 보면서 대사와 동작을 따라 하고, 〈닌자고〉 책을 보면서 캐릭터들을 분석했다. 영어학원에서 이렇게 공부했다면 진작 뛰쳐나왔을 것이다. 하지만 내가 정말 좋아하는 것을 알아가는 과정에서 영어가 필요했고, 결과적으로 영어를 재미있게 공부했다. 영어를 통해 내가 좋아하는 것을 더 알 수 있어서 영어를 더 공부해야겠다는 생각이 들었다.

3단계 - 파닉스①

첫 파닉스(8~9세)

파닉스 : 문자와 발음을 조합해 단어의 올바른 발음을 구성하는 방법을 배우는 학습법.

영어 공부에서 파닉스는 알파벳이 경우에 따라 어떤 소리가 나는지에 대해 배우는 것이다. 파닉스를 알면 단어 뜻과 상관없이 알파벳의 조합을 보고 단어를 읽을 수 있다. 그동안 DVD 시청과 영어 그림책 읽어주기로 영어 노출을 지속해왔다면 학령기가 시작되는 여덟 살은 파닉스를 시작하기에 최적의 시기다. 소리는 철자로, 철자는 소리로, 양방향으로 학습한다는 점에서 파닉스는 한글의 자모를 익히는 원리와 같다. 아이들이 초등학교에 입학하면 태어나자마자 줄곧 듣고 익힌 우리말의 자모를 배운다. 마찬가지로 모국어 습득 순서에 따라 영어 듣기를 충분히 했다면 한글의 자모를 배우는 시기에 파닉스를 함께 시작하면 좋다.

한글을 익히는 데 어려움을 느끼는 아이라면 '영어 교과를 시작하는 초등학교 3학년이 되기 전에 파닉스를 마스터하자.'라는 목표를 세우고 시간적 여유를 갖고 천천히 여러 번 반복해서 접근하는 방식을 권한다.

어휘력 향상의 밑거름, 파닉스

영어 단어를 소리 내 읽는 것이 파닉스의 시작이다. 평소에 영어책을 소리 내어 읽었다면 따로 파닉스 학습을 하지 않아도 어느 정도 파닉스의 원리를 파악한 셈이다. 실제로 큰아이는 파닉스를 따로 공부하지 않고 영어책을 소리 내 읽는 것으로 알파벳의 음소를 자연스레 알아챘다. 이런 경우라도 어휘력 향상을 위해 파닉스의 기본기를 다질 필요가 있다. 영어 그림책과 리더스북, 챕터북 등 쉬운 영어책 읽기 단계를 넘어 논픽션과 저널 등 어려운 읽기 단계로 진입하려면 어휘라는 산을 넘어야 하기 때문이다.

파닉스의 기본기를 확실히 다진 아이는 어휘를 익힐 때 진가를 발휘한다. 파닉스 규칙을 따르는 단어는 스펠링을 외울 필요 없이 발음만 정확히 알면 단어를 외운 셈이기 때문에 파닉스 규칙을 따르지 않는 예외적인 단어만 따로 외우면 된다.

전체 영어 단어 85%는 파닉스 규칙을 따르는 반면, 나머지 15%는 파닉스 규칙을 따르지 않는다. 파닉스 규칙에 맞지 않지만 자주 접하는 단어를 사이트워드(sight words)라 한다. 사이트워드는 원어민 발음을 여러 번 반복해서 듣고 소리 내어 따라 하면서 정확한 발음을 익히고 단어의 철자를 외워야 한다.

● 파닉스 규칙을 따르는 단어 예:

cat, pig, mom, up, date, rose, cube

● 사이트워드 예:

you, he, she, a, the, are, was, were, here, there, of, to, for, on, one

파닉스를 제대로 익히면 단어 암기 속도가 월등하게 빨라진다. 어휘의 산을 넘기 전에 파닉스의 산부터 넘어야 하는 이유다.

영어 말하기의 밑거름, 파닉스

파닉스는 영어 말하기에도 영향을 미친다. 파닉스 단계에서 영어 말하기의 기본기를 다질 수 있다. 자신의 영어 발음이 잘 들리도록 큰 목소리로 한 단어 한 단어 또박또박 읽는 습관을 들이는 것이 영어 말하기의 시작이다. 파닉스에서 배운 단어가 포함된 짧은 문장을 소리 내어 읽으면서 문장의 내용과 어휘, 표현 등을 머릿속에 집어넣는 습관을 들이면 이후에 긴 문장으로 확장할 수 있다. 이러한 습관은 영어 말하기의 기본기를 잡아준다.

이 책의 파트 2 16차시 영어 수업은 크게 파닉스와 기초 회화로 구성되어 있다.

16차시 영어 수업 구성

파닉스	26개 알파벳 철자의 정확한 음소를 인식 → 단모음과 장모음 이해 → 자음+모음+자음으로 이루어진 단어를 듣고 말하고 읽을 수 있도록 설계했다.
읽기	파닉스 리더스북을 활용해, 한두 단어와 두세 단어로 이루어진 짧은 문장 소리 내 읽기와 말하기 → 점진적으로 단어를 늘려 긴 문장 소리 내 읽기와 말하기로 확장했다.

기초 회화 상황에 맞는 인사말 연습을 한 후, '의문사 의문문'과 'Yes/No 의문문'의 질의응답을 충분히 연습할 수 있도록 구성했다. 동영상 자료를 보고 현지인을 따라 하면서 실제 생활에서 활용할 수 있다.

파닉스를 배우는 자녀에게 완벽한 발음을 요구하는 엄마가 의외로 많다. 아이의 발음이 좋게 들리지 않더라도 그에 대한 평가는 금물이다. 엄마의 사소한 말이 아이의 입이 굳게 닫히게 만들 수 있다.

좋은 발음은 오래도록 연습해야 가능하다. 엄마가 잔소리한다고 짧은 시간에 가능한 일이 아니다. 그러니 아이가 소리 내 발음하면 일단 무조건 칭찬해주자. 자신 있게 큰 목소리로 발음할 수 있도록 격려하자. 영어 발음 교정은 초등학교 3학년 이후에 해도 늦지 않다.

파닉스를 어려워하는 아이라면 듣기 먼저

영어의 시작은 파닉스라고 생각하는 사람이 많은데, 그렇지 않다. 영어의 시작은 단연 듣기다. 지속적인 영어 듣기의 토대 위에 파닉스를 얹어야 한다. 모국어의 자음과 모음을 네다섯 살이 아닌 여덟 살에 배우는 것과 같은 이치다. 핀란드 아이들은 핀란드의 TV 방송 특성상 초등학교 입학 전에 영어 소리에 지속적으로 노출된다. 영어 소리를 모국어 못지않게 오래도록 듣고 자라 영어에 익숙한 상태에서 초등학교에 입학하는 것이다. 이럴 때 파닉스 수업이 효과를 발한다.

파닉스를 어려워하는 아이라면 먼저 영어 소리에 익숙해질 때까지 '1단계-듣기 : 영어 노출 시작'을 진행하자. 그렇게 영어 소리에 익숙해지면 소리와 문자의 상관관계를 배우는 파닉스를 시작하는 것이 좋다. 그리고 영어 노출을 지속할 시간 여유가 없다면, 단어를 큰 소리로 반복해서 읽으면서 자기 것으로 만드는 방법으로 파닉스에 접근하는 수밖에 없다.

파닉스를 거부하는 아이라면 동영상과 게임, 노래와 챈트로 접근하자

오래도록 영어 노출을 지속했는데도 파닉스를 거부하는 아이가 있다. 다섯 살에 말문이 트이고 아홉 살에 한글을 뗀 우리 작은아이도 그랬다. 초등학교 1학년 한글 받아쓰기 시험을 힘들어하는 아이에게 파닉스를 들이밀 수는 없었다. 그때는 한글이 먼저였다. 초등학교 2학년 때 한글을 떼고 나서도 파닉스를 시작할지 말지 백만 번 넘게 고민했다. 아이가 거부할게 뻔했고, 억지로 들이밀었다가는 아이와 사이만 나빠질 터였다. 그렇다고 아무 준비 없이 초등학교 3학년 영어 교과를 배우면 자칫 영어 자체에 대한 흥미를 잃을 수도 있겠다 싶어 걱정이 앞섰다. 그래서 아이가 파닉스를 파닉스라고 눈치 채지 못하도록 1년이 넘는 기간 동안 매우 조금씩 파닉스를 알려주었다. 아이의 관심을 끌어내기 위해 유튜브에서 파닉스 관련 동영상을 찾고, 게임을 만들고, 노래와 챈트를 만들어 불러주기도 했다. 이 책의 파트 2 16차시 영어 수업을 매우 유용하게 활용했다.

우리 작은아이가 좋아하는 알파벳 단모음과 장모음 챈트를 소개한다.

Short Vowel Sound Chant

'a' makes a short sound /a/ /a/ cat.

'e' makes a short sound /e/ /e/ pet.

'i' makes a short sound /i/ /i/ pig.

'o' makes a short sound /o/ /o/ hot.

'u' makes a short sound /u/ /u/ sun.

Long Vowel Sound Chant

'a' makes a long sound /ā/ /ā/ cake.

'e' makes a long sound /ē/ /ē/ Pete.

'i' makes a long sound /ī/ /ī/ bike.

'o' makes a long sound /ō/ /ō/ rose.

'u' makes a long sound /ū/ /ū/ cube.

이 알파벳 챈트는 락앤런(Rock N Learn) 파닉스 DVD를 활용해 단어를 바꾸어서 만들어볼 것이다. 자녀가 좋아하는 노래를 활용해 만들어본다면 자주 불러볼 수 있을 것이다.

아래는 파닉스를 익히는 데 어려움을 겪은 우리 집 작은아이에게 큰 도움을 준 사이트다.

파닉스 학습 추천 사이트 www.starfall.com

Part1_3단계_starfall

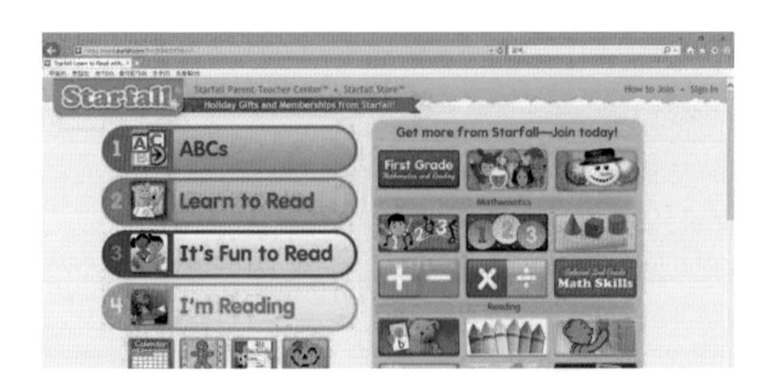

미국 엄마들과 초등학교의 ESOL(타 언어 사용자들을 위한 영어) 선생님들이 사용하는 사이트다. 이곳을 발견하고 쾌재를 불렀다. 알파벳 버튼을 누르면 그 알파벳의 음가와 그 음가를 포함한 단어를 익힐 수 있다. 음가를 활용한 동화를 읽어주고, 간단한 워크시트를 출력해서 사용할 수 있도록 제공한다. ABCs와 Learn to Read 메뉴는 두고두고 활용하기 좋다. 우리 작은아이가 파닉스를 익히는 데 이 사이트가 한몫했다. 다행히 초등학교 3학년 영어 교과를 시작한 작은아이는 초등학교 1학년 때 한글을 배울 때만큼 힘들이지 않고 무리 없이 수업을 잘 따라갔다. 꾸준한 영어 노출 덕분인지 회화에서는 고급 영어를 구사한다는 평가를 받아 놀라기도 했다. 파닉스에 어려움을 겪는 아이를 만나면 나는 이 사이트를 소개한다.

3단계 - 파닉스②

파닉스 교재 활용하기(8~9세)

잘 만든 파닉스 교재를 활용하면 좋다. 파닉스가 어려워 갈피를 못 잡는 아이에게는 그 교재가 안내서가 될 것이고, 지속적인 영어 노출로 파닉스가 저절로 체득된 아이에게는 좋은 정리 자료가 될 것이다. 교재를 활용해 영어를 학습할 때는 집중해서 짧은 시간에 마무리하는 것이 좋다. 지루하지 않게 성취감을 맛볼 수 있는 기회가 된다.

학원에서처럼 파닉스 교재 활용하기

교재 EFL Phonics를 소개한다. 총 5권으로 이루어져 있다.

- **EFL Phonics 1** Single Letter Sounds
- **EFL Phonics 2** Short Vowels
- **EFL Phonics 3** Long Vowels

→ 파닉스 1단계

- **EFL Phonics 4** Double Letter Consonants
- **EFL Phonics 5** Double Letter Vowels

→ 파닉스 2단계

파닉스가 처음인 경우(영어 노출이 처음인 경우) : 10개월 소요

파닉스 1단계(6개월 소요)	
교재 1(8회차 구성) 주 2회 1회차씩 **교재 2**(8회차 구성) 주 2회 1회차씩 **교재 3**(8회차 구성) 주 2회 1회차씩	3개월
교재 1(8회차 구성) 주 3회 1회차씩 **교재 2**(8회차 구성) 주 3회 1회차씩 **교재 3**(8회차 구성) 주 3회 1회차씩	2개월
교재 1(8회차 구성) 주 3회 2회차씩 **교재 2**(8회차 구성) 주 3회 2회차씩 **교재 3**(8회차 구성) 주 3회 2회차씩	1개월
파닉스 2단계(4개월 소요)	
교재 4(8회차 구성) 주 3회 1회차씩 **교재 5**(8회차 구성) 주 3회 1회차씩	1.5개월
교재 4(8회차 구성) 주 3회 1회차씩 **교재 5**(8회차 구성) 주 3회 1회차씩	1.5개월
교재 4(8회차 구성) 주 2회 2회차씩 **교재 5**(8회차 구성) 주 2회 2회차씩	1개월

파닉스를 정리하는 경우(영어 노출을 지속한 경우) : 4개월 소요

파닉스 1단계 (2개월 소요)	
교재 1(8회차 구성) 주 3회 1회차씩 **교재 2**(8회차 구성) 주 3회 1회차씩 **교재 3**(8회차 구성) 주 3회 1회차씩	2개월

파닉스 2단계(2개월 소요)	
교재 4(8회차 구성) 주 2회 1회차씩 **교재 5**(8회차 구성) 주 2회 1회차씩	2개월

교재 1, 2, 3권을 파닉스 1단계, 교재 4, 5권을 파닉스 2단계라 이름 붙인다.

● 파닉스 1단계

먼저 파닉스 1단계를 공략하자. 한 권에 8회차(Unit1~Unit8)로 구성돼 있어 파닉스 1단계 교재 3권은 총 24회 분량이다.

파닉스가 처음인 경우 일주일에 두 번, 한 번에 1회차씩 학습하자. 한 달에 교재 한 권을 끝낼 수 있으므로 석 달에 걸쳐 파닉스 1단계 교재 1, 2, 3권을 차례로 풀면 된다.

파닉스 1단계를 한 번 마쳤다면 복습을 위해 다시 교재 1권으로 돌아간다. 처음 복습할 때는 일주일에 세 번, 한 번에 1회차씩 다시 푼다. 파닉스 1단계를 한 번 복습하는 데 두 달이 걸린다.

두 번째 복습을 하기 위해 다시 1권으로 돌아가 일주일에 세 번, 2회차씩 복습한다. 한 달이면 파닉스 1단계를 복습할 수 있다.

6개월 동안 파닉스 1단계 교재 1, 2, 3권을 연달아 세 번 반복해서 푼다. 이렇게 반복하면 파닉스를 처음 접한 아이도 어느 정도 궤도에 오른다.

파닉스 1단계를 하는 6개월 동안, 〈Scholastic Phonics Readers〉나 〈Now I'm Reading〉 시리즈를 함께 읽기를 권한다. 그날 배운 파닉스 규칙에 맞는 단어가 나오면 동그라미를 친다거나 박수를 한 번 치는 등 게임을 하면서 읽으면 좋다.

지속적인 영어 노출로 파닉스를 정리하는 경우라면 파닉스 1단계 교재 1, 2, 3권을 순서대로 일주일에 세 번, 한 번에 1회차씩 풀고 나서 3권까지 모두 완료하면 바로 파닉스 2단계로 넘어가면 된다.

● 파닉스 2단계

파닉스 1단계가 안정적으로 자리 잡았다면 파닉스 2단계로 넘어가자. 2단계도 마찬가지다. 파닉스 2단계를 처음 접하는 경우에는 1단계와 같은 방식으로 교재를 세 번 반복해서 푼다. 파닉스 2단계 교재 2권 총 16회를 세 번 반복하는 데 4개월이 걸린다. 파닉스 1단계를 공부할 때와 마찬가지로 영어책 읽기를 병행한다.

파닉스를 정리하는 경우라면 파닉스 2단계를 한 번 학습하면 되므로 일주일에 두 번, 한 번에 1회차씩 풀면 2개월이 걸린다.

교재를 활용할 때 파닉스가 처음인 경우 10개월에 세 번 반복할 수 있다. 파닉스를 정리하는 경우 파닉스를 한 번 훑어보는 데 4개월이면 충분하다.

사이트워드 때문에 파닉스가 무너지는 아이라면

사이트워드란 파닉스 규칙을 따르지 않고 영어 문장 속에 자주 등장하는 어휘를 말한다. 큰아이는 사이트워드를 따로 잡아주지 않아도 파닉스가 무너지는 일이 없었다. 영어책을 읽다가 파닉스 규칙을 따르지 않는 사이트워드를 만나도 무리 없이 지나갔다. 세 살에 한글을 깨치고, 다섯 살에 영어를 처음 접한 뒤 일곱 살에 영어 그림책을 읽으며 알음알음 파닉스 원리를 알아채, 사이트워드를 접하면 한글에 자음 동화나 구개음화, 연음법칙이 있듯 영어에도 철자대로 발음되지 않는 경우가 있나 보다 생각하는 융통성을 발휘했다.

하지만 다섯 살에 말문이 트이고 아홉 살에 한글을 깨친 작은아이는 파닉스 규칙에 맞지 않는 사이트워드를 만나면 혼란스러워했다. 어렵사리 익힌 파닉스 규칙이 무너질 지경이어서 사이트워드를 따로 정리해줄 필요가 있었다.

사이트워드 표는 구글 이미지 검색에서 사이트워드를 입력하면 손쉽게 구할 수 있다. 종류가 많으므로 아이가 맘에 들어 하는 이미지를 출력해서 활용하면 된다.

키즈클럽 www.kizclub.com

Part 1_3단계_키즈클럽 사이트

이 사이트는 사이트워드 표를 수준별로 분류해서 제공한다.

상단 'Phonics' 메뉴
→ 좌측 'Sight Words & Grammar' 메뉴 클릭
→ 'Pre-Primer', 'Primer', 'Grade 1', 'Grade 2', 'Grade 3'
중에서 아이의 수준에 맞게 출력해서 사용하면 된다.

파닉스 리더스북 활용하기

이 책의 파트 2에서는 매 시간 〈Now I'm Reading〉 시리즈를 읽어보는 시간을 갖는다.

그날 익힌 알파벳을 이 책에서 찾아보는 식으로 아이가 알파벳을 익히는 데 거부감 없이 빠져들게 하기 위해서다. 가정에서 영어를 시작하는 경우, 다른 사람의 추천으로 이 책을 구입하더라도 어떻게 활용해야 할지 몰라 난감해하는데, 우리 집에서 활용한 방법을 소개한다.

파트 1 2단계 – 읽어주기 후반
(영어 그림책을 읽어줄 때 아이가 철자에 관심을 보이며 스스로 읽고 싶어 할 때)

파트 1 3단계 – 파닉스 복습할 때
(파닉스를 복습하고 읽기를 시작하기 전에)

파트 2 Reading – 매 차시 파닉스 리더스북을 읽을 때
(매 차시 배운 철자를 확인하고 읽기 독립을 준비하기 위해)

파닉스 리더스북 활용 예 1)

예를 들어,

아이가 그날 알파벳 A a 를 배웠다면,

1 ALL ABOUT A를 읽어준다.
A와 a가 나오면 단어(ape)와 그림(원숭이)을 손가락으로 짚어가며 확인시킨다.
2 ALL ABOUT A에서 A와 a에 직접 동그라미 표시를 하게 한다.
3 읽어주다가 동그라미 표시한 단어가 나오면 손가락으로 짚으며 함께 읽는다.
4 읽어주다가 동그라미 표시한 단어가 나오면 손가락으로 짚으며 읽게 한다.
5 스스로 읽게 한다. 도와준다.

〈ALL ABOUT A〉

1쪽 Apes

2쪽 Apes and alligators

…

총 4쪽 분량에 a로 시작하는 단어가 쌓여 반복된다.

파닉스 리더스북 활용 예 2)

단모음 a를 배웠다면,

1. FAT CAT을 읽어준다.
   단모음 a가 나오면 단어(cat)와 그림(고양이)을 손가락으로 짚어가며 확인시킨다.
2. FAT CAT에서 A와 a에 직접 동그라미 표시를 하게 한다.
3. 읽어주다가 동그라미 표시한 단어가 나오면 손가락으로 짚으며 함께 읽는다.
4. 읽어주다가 동그라미 표시한 단어가 나오면 손가락으로 짚으며 읽게 한다.
5. 스스로 읽게 한다. 도와준다.

〈FAT CAT〉

1쪽 A cat.

2쪽 A tan cat.

3쪽 A tan fat cat.

…

10쪽 A tan fat cat is glad.

총 10쪽 분량에 단모음 a가 나오는 단어가 쌓여 문장을 이룬다.

알파벳 개별 소리와 단모음 a를 배웠다면 스스로 읽기가 가능하다.

책 한 권을 스스로 읽어낸 아이는 성취감을 맛보고 다른 영어책 읽기에 도전할 힘을 얻는다.

파닉스 1단계(알파벳, 단모음, 장모음)의 파닉스 리더스북 스스로 읽기가 가능해지면, 〈Scholastic First Little Readers〉 등 같은 구절이 반복되는 파닉스 리더스북 시리즈로 읽기를 연습한다.

〈Hello, Beach〉

1쪽 Hello, Beach

2쪽 Hello, sun.

3쪽 Hello, sand.

…

8쪽 Well, hello, WHALE!

〈Shapes for Lunch〉

1쪽 Shapes for Lunch

2쪽 I like to eat a square.

3쪽 I like to eat a triangle.

…

8쪽 Shapes are fun for lunch!

파닉스 리더스북을 여러 번 반복해서 읽으면, 파닉스 복습은 물론 어휘를 습득하고 정확한 문장을 내 것으로 만드는 효과를 얻을 수 있다.

수민 생각

엄마는 눈치채지 못했지만 나도 사이트워드를 접할 때 혼란스러웠다. 초등학교 2학년 때 산타 할아버지께 크리스마스 카드를 쓰다가 발음은 알지만 파닉스 규칙에 어긋나는 단어를 막상 쓰려니 어떻게 써야 할지 감이 오지 않았다. 산타 할아버지께 맞춤법에 맞지 않는 단어를 쓰기는 싫었다. 그때 읽을 수는 있지만 쓰기 어려운 단어가 있다는 사실을 알게 되었다. 초등학교 3학년 때쯤 여러 원서를 보면서 사이트워드를 자주 읽고 접하다 보니 자연스레 극복됐다.

4단계 – 말하기

쉬운 영어로 시작하는 회화(9~10세)

큰아이가 초등학교 1학년이었을 때, 아이 친구 엄마로부터 아이들 몇 명을 그룹으로 묶어 통역 수업을 받아보자는 제안을 받은 적이 있다. '영어 듣기와 읽기가 제대로 되지 않는 초등학교 1학년 아이들이 통역 수업을 따라갈 수 있을까?' 난 거절했고, 우리 아이를 제외한 아이 친구 몇 명이서 2년여 동안 통역 수업을 받았다. 예상대로 아이들은 영어 실력 향상은 고사하고 긴장감 넘치는 수업 진행 방식 때문에 영어에 질려버리고 말았다. 그 모습을 보며 나는 처음에 그 엄마들을 말리지 않았던 걸 오래도록 후회했다.

우리는 실생활에서 영어를 사용할 일이 거의 없기 때문에 귀로 듣고 눈으로 읽은 영어가 입을 통해 말로 나오기까지는 꽤 오랜 시간이 걸린다. 그러니 아이의 입이 터지지 않는다고 조바심을 내지는 말자.

영어 말하기를 처음 시도하는 유치원생이나 초등학생들에게는 '영어로 말하는 것이 재미있구나.' 정도의 좋은 인상을 남기는 것이 중요하다. 첫인상이 좋아야 계속 영어로 말하기를 시도하고, 연습한 시간들이 축적

돼 말하기 실력이 된다.

아이의 머릿속에 단어와 문장이 입력돼 있어야만 비로소 말하고 쓰는 것이 가능해진다. 인풋한 만큼 아웃풋이 나오는 법이다. 아웃풋을 원한다면 인풋에 더 신경을 쓰자. 지속적으로 듣고 소리 내어 읽고 좋은 문장을 자신의 것으로 만든다면, 시기의 차이는 있어도 영어 말문이 터지는 날이 반드시 올 것이다.

영어 교과서 회화 표현부터 챙기자!

생존 영어나 생활 영어라고 부르는 영어 회화의 경우, 영어 교과서 표현을 익히는 것만으로도 충분하다. 1970, 80년대생인 부모 세대는 중학교에서 영어를 배우기 시작했다. 그때도 원어민 과외를 받고 원서를 읽는 아이들이 있었지만 대부분의 학생들은 중학생이 되어서야 알파벳을 뗐고 영어 교과서에서나 영문을 구경할 수 있었다. 나 역시 당시에는 영어 교과서를 달달 외우는 것밖에 없었다.

내로라하는 영어 교재가 차고 넘치는 지금도 영어 교과서는 매우 유용하다. 초등학교에서 아이들을 가르치면서 영어 교과서의 중요성을 다시 한번 깨달았다. 영어 교과서는 쉽고 정확하며 예의 바른 영어 표현을 익히기에 좋은 교재다. 영어 교과서에 나오는 표현만 자기 것으로 만들어도 원어민과 대화를 나눌 수 있다. 이 책의 파트 2 16차시 영어 수업에 초등학교 3, 4학년 영어 교과서에 나오는 회화 표현을 정리해놓았다. 필수적이지만 쉬운 표현들이라 충분히 영어 노출을 해왔다면 나이에 상관없이 활용해볼 수 있을 것이다.

지나치게 신중한 아이라면, 초등 정규 영어 수업 전에 영어 회화 시간을 갖자!

초등학교 3학년 때 시작하는 최근의 학교 영어 수업은 100% 영어로 진행하는 추세다. 때문에 학교 영어 수업을 따라가기 위해서는 기본 회화 실력이 필요하다. 초등학교 3학년이 될 때까지 영어 노출이 전혀 없었다면 아이는 학교 영어 수업 시간에 당황할 수 있다. 실제로 초등학교 영어 수업 시간에 멍하니 앉아 있는 아이들을 볼 때면 마음이 무겁다. 영어 회화 실력이 영어의 전부가 아니고 영어 교과서 표현만 익혀도 생활 영어를 하는 데 문제없지만, 아이들은 영어 수업 시간에 입이 떨어지지 않는다는 이유로 영어를 포기하기도 한다. 3학년 수업 시간에 처음 영어를 접하고 재미있어하는 아이도 있지만, 매사 연습이 필요한 신중한 성향의 아이라면 괜히 위축될 수 있다. 익숙하지 않거나 잘 아는 것이 아니면 말을 하지 않는 아이라면, 아이가 초등학교 3학년이 되기 전에 꼭 가족이 함께하는 영어 회화 시간을 갖기를 권한다.

유아용 DVD 시리즈 활용하기

회화를 익히는 방식은 사람마다 다르다. 어떤 사람은 쉬운 회화 교재를 여러 권 반복해서 익힌 다음 점진적으로 수준을 높이는 방식을 선호한다. 또 어떤 사람은 영화 한 편을 통째로 외우거나 통문장을 외워 상황에 맞게 적용하는 방식을 선호한다.

우리 아이들과 처음 영어 회화를 시작할 때 나는 전자의 방식과 후자의 방식을 놓고 고민했다. 전자라면 아이들은 곧 지루해할 테고, 후자라면 입도 뻥긋 못 하고 지레 겁을 먹을 것 같았다. 그래서 아이들과 영어 회화를 시작하기에 앞서 영어 말하기를 유창하게 하는 사람들을 인터뷰했다. 모두가 공통적으로 쉬운 영어로 시작하라고 권했다. 3~4세 표현으로 시작해 5~6세에서 7~8세로 점차 수준을 높여가며 현지 어린이들이 사용하는 영어표현을 따라 해볼 것을 적극 권유했다. 이 또한 모국어를 익히는 방법과 유사하다. 인터뷰 내용을 반영해 시간과 에너지를 최소한으로 들이는 우리 집만의 영어 회화 공부 비법을 만들었다.

먼저 아이들이 어릴 때 줄기차게 본 〈맥스 앤 루비〉와 〈페파 피그〉 시리즈를 다시 꺼냈다. 다섯 살 페파와 세 살 조지가 대화를 나누는 장면을 반복해서 보면서 큰아이는 페파 대사, 작은아이는 조지 대사를 따라 했다. 일곱 살 루비와 네 살 맥스가 대화를 나누는 장면에서는 큰아이는 루비 대사, 작은아이는 맥스 대사를 따라 했다. 아이들이 시리즈의 내용을 잘 알고 있는 덕에 애니메이션을 보면서 대화 따라 하기를 무리 없이 해냈다. 작은아이도 즐겁게 동참했다.

영어 회화 교재 활용하기

앞서 영어 교과서의 중요성을 설파했다. 말하기 단계에 들어서서 초등학교 3학년부터 중학교 3학년까지의 영어 교과서 회화 표현을 정리해 놓은 교재를 찾다가 〈Oxford English Time, ORT〉을 만났다. 〈Oxford English Time〉 1~6권은 기본적이고 쉬운 표현 위주로 입이 트이게끔 설계한 영어 회화 교재다. 아이들은 말풍선이 달려 만화책처럼 보이는 회화 교재에 관심을 보였다. 교재 한 권당 한 시간 분량의 에피소드를 총 12회 수록했는데, 1권부터 6권까지 마치면 총 72가지 에피소드를 경험하는 셈이다. 이 교재로 회화 연습을 하면서 〈베렌스타인 베어즈〉 같은 학원물 애니메이션 시청을 병행했다. (교재를 보고 회화 연습을 하려면 리딩이 어느 정도 되어야 하므로 이 방법은 자녀의 나이에 상관없이 파닉스 이후 시도해보기 바란다.)

〈Oxford English Time〉 1~2권은 초등학교 3, 4학년 영어 교과서 회화 수준, 3~4권은 초등학교 5, 6학년 영어 교과서 회화 수준, 5~6권은 중학교 영어 교과서 회화 수준을 반영한다. 교재 1~2권은 매 회 6컷 만화가 나오고, 교재 3~4권은 앞 페이지에 3, 4컷 만화가 나오고 뒤 페이지에서 6, 8컷 만화로 확장된다. 교재 5~6권은 앞 페이지에 6컷 만화가 나오고 뒤 페이지에서 8컷 만화로 확장된다.

〈Oxford English Time〉을 활용한 가족 영어 회화 방법

● 3, 4컷 장면 연습하기

1 등장인물을 나누어 맡는다.
2 역할에 맞는 대사를 소리 내어 읽는다.
(여러 번 반복하면 그림만 봐도 무슨 상황인지 알 수 있다.)
3 포스트잇으로 말풍선을 가린다. 각자 맡은 역할로 영어 대사를 말한다.
4 등장인물을 바꿔 2, 3을 연습한다.

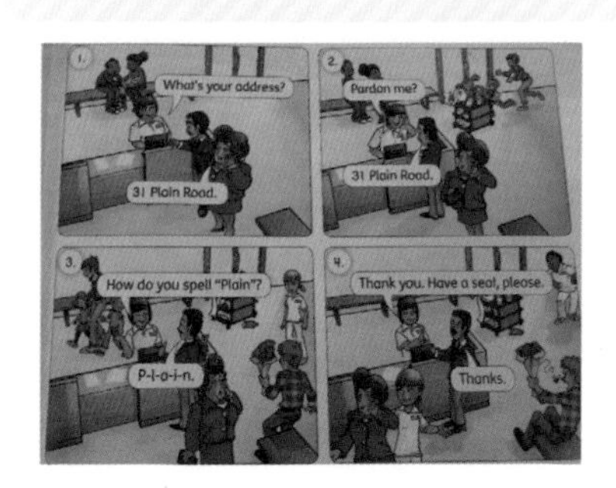

● 8컷 장면 연습하기

1 등장인물 1, 2를 나누어 맡는다.
2 등장인물 1이 그림을 보고 소리 내어 말한다. 등장인물 2는 이어서 문장을 말한다.
3 등장인물을 바꿔 2를 연습한다.

매 유닛에서 제공하는 3, 4컷 장면과 8컷 장면은 상황을 연상하게 해주어 회화를 연습할 때 활용하기 좋다. 3, 4컷 장면과 8컷 장면을 연습하는데 5분 이상 걸리지 않으므로 회화 연습 시간에 교재를 펼칠 때마다 첫 유닛부터 매 유닛 3, 4컷 장면과 8컷 장면 연습하기를 반복하자.

회화를 잘하기 위해서는 상황별로 충분히 연습하는 방법밖에 없다. 상황만 떠올려도 입에서 영어 표현이 튀어나올 정도로 반복하자.

우리 가족은 교재를 2권씩 나눠서 상황을 보는 즉시 영어 표현이 입으로 나올 때까지 여러 번 반복해서 연습했다.

교재 1~2권을 마치면 다시 1권으로 돌아간다. 회화 연습은 반복할수록 가속도가 붙기 때문에 처음에는 교재 1~2권을 마치는 데 2개월이 걸렸다면, 두 번째 반복할 때는 한 달이 걸리고, 세 번째 반복할 때는 2주가 걸린다.

교재 2권 한 세트를 끝내면 가족 파티를 열자. 그동안 함께한 가족 구성원 모두가 격려의 시간을 갖자.

〈Oxford English Time〉 1~2(초등 3, 4학년 영어 교과서 회화 수준) **총 4개월 소요**	
교재 1(12회) 주 3회 1회차씩 **교재 2**(12회) 주 3회 1회차씩	8주
교재 1(12회) 주 3회 2회차씩 **교재 2**(12회) 주 3회 2회차씩	4주
교재 1(12회) 주 3회 4회차씩 **교재 2**(12회) 주 3회 4회차씩	2주×2회
〈Oxford English Time〉 3~4(초등 5, 6학년 영어 교과서 회화 수준) **총 4개월 소요**	
교재 3(12회) 주 3회 1회차씩 **교재 4**(12회) 주 3회 1회차씩	8주
교재 3(12회) 주 3회 2회차씩 **교재 4**(12회) 주 3회 2회차씩	4주
교재 3(12회) 주 3회 4회차씩 **교재 4**(12회) 주 3회 4회차씩	2주×2회
〈Oxford English Time〉 5~6(중학교 영어 교과서 회화 수준) **총 4개월 소요**	
교재 5(12회) 주 3회 1회차씩 **교재 6**(12회) 주 3회 1회차씩	8주
교재 5(12회) 주 3회 2회차씩 **교재 6**(12회) 주 3회 2회차씩	4주
교재 5(12회) 주 3회 4회차씩 **교재 6**(12회) 주 3회 4회차씩	2주×2회

위와 같은 방식으로 하면 〈Oxford English Time〉 1~6권을 네 번 반복하는 데 총 12개월이 걸린다. 회화 교재를 활용해 쌓아올린 영어 회화 실

력은 영어 말하기에서 튼튼한 뼈대가 되어줄 것이다.

1년에 걸쳐 갈고 닦은 영어 회화 실력은 여러 가지 영어 말하기 공부법으로 방향이 전환된다. 영화와 미드·영드의 대사를 따라 하고, 유튜브 동영상을 보면서 명연설을 따라 하는 등 자신에게 맞는 영어 말하기 공부법을 찾아가도록 도와준다.

수민 생각

동생 수린이와 나는 어릴 때부터 〈페파 피그〉와 〈맥스 앤 루비〉 등 어린아이들이 등장하는 DVD를 줄곧 봤다. 그렇게 또래 아이들이 영어로 대화를 나누는 장면을 자주 접해서인지 회화에 큰 어려움을 느끼지 않았다. 초등학교 3학년이 되어 학교에서 처음으로 영어를 배웠을 때 원어민 선생님께서 100% 영어로만 수업을 진행하셔도 따라가는 데 어려움이 없었다. 하지만 대부분의 반 친구들은 원어민 선생님의 영어 수업을 어려워했다. 초등학교 3학년 학교 영어 수업이 어렵게 느껴진다면 쉬운 회화가 나오는 영상물을 꾸준히 보기를 권한다.

5단계 – 듣기, 읽기

학원물 즐기기(7~12세)

초등학생이라면 학원물 애니메이션 활용하기

아이가 초등학생이 되었다면 학원물 영어 애니메이션을 보여주며 영어를 접해도 좋다. 영미권 어린이를 만나고 초등학교 문화를 배울 수 있다. 더불어 아이의 학교 스트레스도 날려줄 것이다. 다음 순서대로 보기를 권한다.

〈베렌스타인 베어즈〉(1~2학년)로 입문 → 〈아서〉 시리즈(2~4학년)로 실력 쌓기 → 〈호리드 헨리〉(4~5학년)에서 영국식 속도 빠른 발음으로 한 번 더 정리

처음에는 〈베렌스타인 베어즈(Berenstain Bears, 곰 가족)〉 시리즈로 시작해보자. 네 마리의 곰돌이 가족 이야기로, 초등학생 아이가 접할 수 있는 거의 대부분의 상황을 다루고 있다.

영미권 DVD를 보는 데 싫증을 낸다면 영어로 더빙된 일본 애니메이션을 보여주는 것도 괜찮다. 〈마녀배달부 키키〉와 〈이웃집 토토로〉, 〈센과 치히로의 행방불명〉 등 일본 애니메이션은 아름다운 화면에 서정적이

면서 빠르지 않은 대사가 어우러져 영어를 공부하기에 좋다.

남편은 미야자키 하야오 감독의 마니아라서 지브리 스튜디오의 애니메이션 전작을 사 모았다. 아빠의 컬렉션 덕분에 우리 아이들은 일본 애니메이션을 영어 더빙으로 보고, 일본어 원어로도 보고, 영어 자막으로 보고, 일본어 자막으로 보기를 반복하다가 일본어에도 관심을 갖게 됐다.

5~6세 미취학 아동이라면 기관에 다니는 아이라 해도 학원물보다는 일상생활이나 친구와 놀이를 테마로 한 영상물을 보여주는 것이 좋다. 책도 마찬가지로 영어 그림책 읽어주기면 충분하다. 또래보다 영어를 잘 이해하는 아이라면 〈리틀 아인슈타인〉이나 〈슈퍼와이〉를 보여주는 것도 좋다. 7세 미취학 아동이 학교생활을 궁금해한다면 〈베렌스타인 베어즈〉 에피소드 하나를 반복해서 보여주는 것으로 학원물 즐기기를 시작하자. 학원물은 〈페파 피그〉나 〈맥스와 루비〉 등 유아용 영상물에 비해 속도가 빠르고 어휘량이 많으므로 처음에는 어려울 수 있다. 아이가 학원물 영상에 적응할 시간을 충분하게 제공하자.

학원물 애니메이션을 보면서 학원물 시리즈북 읽기

● 〈베렌스타인 베어즈(Berenstain Bears)〉 시리즈

큰아이는 초등학교에 갓 입학했을 무렵 〈베런스타인 베어즈〉라는 애니메이션에 빠져 지냈다. 나는 곧 〈베런스타인 베어즈〉 시리즈북 60권을 모두 사들였다. 이 시리즈북은 미국 아이들의 일상을 총망라한다. 핼러윈, 부활절, 생일, 캠핑, 여름 여행 등 생활 속 특별한 에피소드는 물론 부모님과의 관계, 형제와의 싸움, 말썽 부렸을 때, 사달라고 조르거나 어지

럽힌 방 때문에 야단맞기, 친척집 방문과 예절, 치과 가기, 병원 가기 등 일상의 거의 모든 상황을 다룬다. 또한 학교 가기, 성적 문제, 친구들과의 관계, 축구와 야구 등 학교생활 전반을 다룬다.

〈베런스타인 베어즈〉 시리즈는 활자가 작고 글밥이 꽤 많은 편이지만 그림이 아이들의 이해를 돕는다. 우리 집 두 아이가 가장 좋아하는 시리즈로, 큰아이는 중학생인 지금도 침대 머리맡에 이 시리즈를 쌓아두고서 잠이 오지 않을 때 꺼내 읽는다.

● 〈아서(Arthur)〉 시리즈

〈베런스타인 베어즈〉와 함께 우리 집 두 아이가 즐겨 읽은 것이 〈아서〉 시리즈다. 〈아서 스타터(Arthur Starter)〉, 〈아서 어드벤처(Arthur Adventure)〉, 〈아서 챕터북〉 등 많은 시리즈를 동시에 구매했는데, 애니메이션을 통해 아서와 그의 친구들 캐릭터를 알고 있던 큰아이는 스타터 시리즈를 금세 다 읽었다. 에피소드별로 구성된 어드벤처 시리즈는 아이 스스로 자신의 경험치에 맞춰 골라 읽었다. 예를 들어, 만우절엔 'Arthur's April Fool'을, 수두에 걸려 결석한 친구를 떠올리며 'Arthur's Chicken Pox'를 읽는 식이었다. 스타터 시리즈와 어드벤처 시리즈를 두루 섭렵한 뒤에는 자연스레 그림이 없는 줄글 책 〈아서 챕터북〉 시리즈로 넘어갔다.

동생 수린이(5세)에게
리더스북을 읽어주는 수민이(9세).

수민 생각

'학원물 애니메이션 보기'는 우리 집 영어 공부법 중에서 내가 가장 좋아하고 내 영어 실력에 가장 도움이 된 단계다. 중학생이 되고 나서는 어휘, 문법, 쓰기의 중요성을 알았지만 초등학생이 듣기, 회화, 읽기 위주의 영어 공부를 즐겁게 할 수 있는 방법으로는 학원물 애니메이션을 보는 것이 최고라고 생각한다.

가장 도움이 된 것은 〈아서〉 시리즈다. 학교 영어에서 접하는 미국식 영어이기도 하고 미국의 초등학교 문화를 접할 수 있어서 좋았다. 아서와 아서 친구들은 무언가를 직접 만들어서 팔아 용돈을 벌어 쓴다. 아홉 살 아서가 용돈을 버는 것이 인상 깊었다.

초등학교 5학년 학교 영어 수업 시간에 선생님께서 〈호리드 헨리(Horrid Henry)〉 시리즈를 보여주셨다. 우리 반에는 어학연수를 다녀온 친구와 영어 유치원을 마친 친구, 꾸준히 어학원을 다니는 친구 등 영어 공부를 열심히 하는 친구가 많았지만, 말썽쟁이 헨리의 속도가 빠른 영국식 영어 표현을 제대로 알아듣는 친구는 거의 없는 것 같았다. 〈호리드 헨리〉 시리즈의 에피소드 하나를 보고 나서 선생님께서 질문을 하셨는데 내가 전부 맞혔다. 선생님께서 칭찬해주셨고 친구들은 부러워했다. 당시 나는 영어 학원에 다니지 않는 게 과연 괜찮은 건지 걱정하기도 했는데 이 일로 걱정이 싹 사라졌다. 학교에서 학원물 영어 애니메이션을 보여주다니, 우리 집 영어 공부법이 학교에서도 통해 신기했다.

애니메이션과 리더스북을 함께 볼 때는 먼저 영상을 보고 이후에 리더스북을 읽었다. 영상을 볼 때와 달리 리더스북을 읽을 때는 놓친 부분을 챙길 수 있어서 좋았다. 영상을 보면서 흘려들은 소리가 눈앞에 활자로 보이니 단어나 문장을 보다 자세하게 들여다볼 수 있었다.

애니메이션 영상과 리더스북을 번갈아서 보다 보니 잘 들리지 않던 부분이 들리고 어려웠던 문장이 갑자기 이해되기도 했다. 같은 시리즈를 애니메이션과 리더스북을 통해 듣기와 읽기를 동시에 하는 것은 그래서 더 재미있었다. 이런 과정을 거쳐 듣기는 읽기를 돕고, 읽기는 듣기를 돕는 상호 보완적인 관계라는 것을 깨달았다. 같은 시리즈라도 애니메이션 내용과 리더스북 내용이 조금씩 다른 부분을 찾는 것도 재미있었다.

: 초등학교 저학년부터 볼 수 있는 학원물 애니메이션 :

〈Berenstain Bears〉
〈베렌스타인 베어즈〉
시리즈

마미 베어, 대디 베어, 브라더 베어, 시스터 베어로 구성된 네 마리 곰돌이 가족의 이야기다. 브라더 베어와 시스터 베어를 중심으로 학교와 가족, 친구 등 초등학생 삶의 전반적인 내용을 다룬다. 총 60권짜리 책이 원작으로 미국 초등학생의 모든 것을 담고 있다고 해도 과언이 아니다. 미국 초등학생이 사용하는 영어를 배울 수 있다.

▶ 권장 학년 : 7세~초등학교 2학년

〈Arthur〉
〈아서〉
시리즈

초등학교 3학년은 초등학교 1, 2학년과 다르다. 배우는 과목 수가 많아지고 학교생활 패턴도 달라진다. 초등학교 교과 과정에 영어가 들어가는 것도 3학년 때부터다. 그러다 보니 초등학교 3학년 아이들은 고민이 많다. 〈아서〉 시리즈를 통틀어 아서와 아서 친구들은 초등학교 3학년이다. 아이가 초등학교 3학년이라면 단연 〈아서〉 시리즈를 권한다. 또한 초등학교 3학년이 궁금한 초등학교 2학년 아이에게도 권하고 싶다. 〈아서〉는 미국의 PBS 웹사이트 첫 화면에 나올 정도로 미국 초등학생들에게도 인기 있는 시리즈다. 미국 초등학생들의 학교생활을 생생하게 보여주어 초등학생의 대화법을 배우기에 더없이 좋다. 원작이 동화이기 때문에 DVD와 책을 연결해서 보면 더욱 좋다.

▶ 권장 학년 : 초등학교 2~4학년

〈The Magic School Bus〉
〈매직 스쿨 버스〉
시리즈

〈매직 스쿨 버스〉는 초등학생 대상 과학 애니메이션이다. 몸속으로 들어가 인체를 탐험하는 등 재미있는 모험 형식으로 과학적 내용이 녹아들어 아이들이 매우 좋아한다. 다만 과학 용어가 많이 나오기 때문에 처음에는 어렵다고 느낄 수 있다. 〈매직 스쿨 버스〉 DVD를 볼 때는 모르는 과학 용어가 나와도 가볍게 패스하자. DVD를 본 후 같은 시리즈의 리더스북을 읽으면서 용어를 정리하면 된다. 이후 내셔널 지오그래픽의 다큐멘터리로 자연스레 확장할 수 있다.

▶ 권장 학년 : 초등학교 3~5학년

〈Horrid Henry〉
〈호리드 헨리〉
시리즈

하루라도 말썽을 부리지 않으면 큰일이 날 것 같은 헨리와 바르고 착한 동생 피터의 유쾌한 일상 이야기를 담은 〈호리드 헨리〉는 1994년에 영국에서 어린이 책으로 출간된 이래 전 세계 25개국의 어린이들이 널리 읽는 시리즈다. 우리나라에는 2006년에 〈말썽대장 헨리 이야기〉로 번역 출간되었다. 〈호리드 헨리〉 어린이 책 시리즈는 TV 애니메이션과 영화로도 제작되었고, 워크북과 농담 모음집까지 출간될 정도로 인기가 많다.

헨리는 동생을 괴롭히고 어른에게 대들지만 아스트리드 린드그렌의 삐삐처럼 아이들에게 좋은 친구가 되어준다. 실제로 아이들은 착하기만 한 'Perfect Peter'보다 말썽쟁이 'Horrid Henry'를 더 좋아한다. 자신감이 넘치고 분명하게 자기주장을 펼치며, 남다른 상상력으로 문제를 해결하는 헨리는 매력이 넘치는 캐릭터다.

▶ 권장 학년 : 초등학교 4~6학년

디딤돌 2단계

아이에게 좋아하는 영화가 생겼다면 영화 한 편 100번 보기

큰아이는 초등학교 1학년 때 로알드 달의 동화를 우리말로 읽고 그의 팬이 되었다. 로알드 달의 책은 모두 분량이 꽤 많지만 어릴 때부터 책읽기를 꾸준히 했던 터라 무리 없이 읽어나갔다. 무엇보다 이야기 자체가 가지는 힘 때문에 아이가 빠져들었던 것 같다. 나는 〈마틸다〉와 〈찰리와 초콜릿 공장〉 DVD를 구해 보여주었다. 우리 집 두 아이는 〈마틸다〉와 〈찰리와 초콜릿 공장〉을 100번도 넘게 봤다. 그러다 보니 어느새 영화 속 등장인물의 대사를 줄줄 따라 하는 경지에 이르렀다.

책으로 읽으면서 상상했을 때보다 훨씬 더 멋진 장면이 눈앞에서 재현되는 것을 목격하면서 큰아이는 〈찰리와 초콜릿 공장〉을 만든 팀 버튼 감독에게 관심을 보였다. 나는 곧 〈크리스마스의 악몽〉, 〈유령 신부〉, 〈프랑켄 위니〉, 〈이상한 나라의 앨리스〉 등 팀 버튼 감독의 DVD 전작을 구입했다.

같은 해 12월 서울시립미술관에서 〈팀 버튼 전〉 전시가 열렸다. 팀 버튼이 어린 시절에 그린 습작부터 회화, 데생, 사진과 영화를 제작하기 위해 만든 캐릭터 모형, 일반 대중에게 공개하지 않은 작품까지 총 700여 점의 작품을 전시했다. 팀 버튼의 전작을 감상한 후 전시회를 찾았기에 더 깊이 관람할 수 있었다.

〈마틸다〉와 〈찰리와 초콜릿 공장〉을 100번 넘게 보고 나서는 로알드 달의 원작을 읽고 싶어 했다. 나는 로알드 달 전집을 구입했다. 로알드 달의 작품은 유머와 언어 유희가 넘친다. 달의 작품에는 그가 직접 만들어 쓴 사전에 없는 단어와 문법에 맞지 않는 문장이 종종 등장한다. 어른 입장에서 이러한 '로알드 달'식 표현이 영어 학습에 좋다고 말할 수 없을 것이다. 하지만 아이들은 재미있는 표현이 넘치는 달의 작품에 열광한다. 달의 전집을 읽은 아이는 곧 다른 영미권 문학 작품 원서 읽기에 도전장을 내밀었다. 이렇듯 좋은 작품은 좋은 영향을 준다.

로알드 달(Roald Dahl) 책 소개 :
Matilda 〈마틸다〉(시공주니어)
Charlie and the Chocolate Factory 〈찰리와 초콜릿 공장〉(시공주니어)
The Twits 〈멍청씨 부부 이야기〉(시공주니어)
The Witches 〈마녀를 잡아라〉(시공주니어)
Esio Trot 〈아북거, 아북거〉(시공주니어)
The BFG 〈내 친구 꼬마 거인〉(시공주니어)

수민 생각

〈마틸다〉와 〈찰리와 초콜릿 공장〉이 좋아서 두세 번 연달아 보다 보니 대사가 귀에 들어왔고, 계속 더 봤더니 입으로도 터져 나왔다. 아홉 살 때는 동생 수린이(당시 다섯 살)와 마틸다 대사를 따라 했다. 수린이도 재미있어해서 계속하게 되었다. 〈마틸다〉는 〈찰리와 초콜릿 공장〉으로 이어졌고, 다시 〈크리스마스의 악몽〉으로 연계됐다.

4학년 때 〈맥가이버〉를 보다가 동생이 내용을 물어봐 듣는 즉시 우리말로 알려주는 연습을 하게 됐다. 동생이 "우와!" 하며 나를 신기하게 바라보는 게 좋아 〈맥가이버〉부터 〈아이칼리〉, 〈심슨 가족〉 시리즈까지, 동생에게 알려주기 위해 듣는 족족 우리말로 번역하는 신공을 발휘했다. 이런 노력으로 나는 멋진 언니가 되었고, 세컨드 잡으로 영상번역가를 꿈꾸게 되었다. 옆에서 함께 보는 동생이 있어 더 열심히 연습했던 것 같다.

6단계 - 어휘

필수 단어 외우기(11~12세)

아이의 수준에 맞는 책은 어떻게 알 수 있을까? 영어책의 경우 한 페이지에 모르는 단어가 2~3개 정도 나오면 읽기 수준에 맞는 책이라고들 한다. 모르는 단어가 더 많으면 내용 파악이 어려워 읽기 자체에 흥미를 잃을 수 있다.

초등학교 4학년쯤 되면 단어 외우기를 시작해도 좋다. 리더스북 읽기 단계를 넘어 두꺼운 영어책 읽기를 시작하기 전에 단어 암기와 독해를 동시에 할 수 있는 교재로 어휘의 산부터 정복하자. 어휘력과 함께 배경지식을 쌓아야 독서도 오래 지속할 수 있다.

어휘 교재 활용하기

어휘 공부를 하기로 계획을 세우고 나서 나는 제대로 만든 어휘 교재를 찾기 위해 백방으로 검색했다. 온라인 서점과 영어 학습자의 리뷰를 참고하고, 영어 전문 서점과 영어 교육 박람회를 방문하는 등 발품을 아끼지 않았다. 그리하여 최종 결정한 교재는 〈4000 Essential English Words〉

시리즈다. 이 교재를 초등학교 4학년 때는 어휘 교재로 사용하고, 초등학교 6학년이 되어 영어 쓰기를 연습할 때는 문장 베껴 쓰기 및 독해 지문 요약하기 교재로 다시 한번 사용했다. 좋은 교재는 어휘뿐만 아니라 읽기, 쓰기 교재로도 활용할 수 있다.

〈4000 Essential English Words〉 시리즈는 영어의 말하기, 쓰기 영역에서 자주 쓰이는 필수 어휘 4,000개를 소개한다. 학교 교과서 어휘의 80%, 소설 속 어휘의 90%, 일상 대화에 쓰이는 어휘의 90%를 커버한다고 한다. 한 권에 30회, 한 회에 단어 20개를 수록해 한 권을 마치면 600단어를 익히는 셈인데, 총 6권이므로 3,600단어에 부록(Appendix)으로 추가된 400단어를 합하면 4,000단어가 된다. 1~3권에서 사용 빈도수가 높은 단어를 다루고 있으니 1권부터 순서대로 시작하자.

1회 구성은 이렇다.

1 단어 20개를 소개한다.
2 문제를 풀면서 단어를 익힌다.
동의어 찾기, 자연스럽게 문맥 잇기, 빈칸에 알맞은 단어 넣기 등 여러 가지 유형의 문제를 풀어볼 수 있다.
3 독해 지문을 읽고 문제를 푼다.

단어 20개를 모두 활용한 독해 지문은 이 교재의 최고 장점이다. 좋은 내용의 독해 지문은 앞서 익힌 단어를 오래 기억할 수 있도록 돕는다.

〈4000 Essential English Words〉
시리즈

일주일에 다섯 번, 1회씩 진행하면 총 9개월이 걸린다.

<table>
<tr><td rowspan="6">〈4000 Essential English Words〉</td><td>1권(30회) 주 5회</td><td rowspan="6">권당 1.5개월×6 = 9개월</td></tr>
<tr><td>2권(30회) 주 5회</td></tr>
<tr><td>3권(30회) 주 5회</td></tr>
<tr><td>4권(30회) 주 5회</td></tr>
<tr><td>5권(30회) 주 5회</td></tr>
<tr><td>6권(30회) 주 5회</td></tr>
</table>

일주일에 세 번, 1회씩 진행하면 총 15개월이 걸린다.

<table>
<tr><td rowspan="6">〈4000 Essential English Words〉</td><td>1권(30회) 주 3회</td><td rowspan="6">권당 2.5개월×6 = 15개월</td></tr>
<tr><td>2권(30회) 주 3회</td></tr>
<tr><td>3권(30회) 주 3회</td></tr>
<tr><td>4권(30회) 주 3회</td></tr>
<tr><td>5권(30회) 주 3회</td></tr>
<tr><td>6권(30회) 주 3회</td></tr>
</table>

1권부터 3권까지는 매일 1회, 4권부터 6권까지는 일주일에 세 번, 1회씩 진행하면 12개월이 걸린다.

교재	권(회)	기간
〈4000 Essential English Words〉	1권(30회) 주 5회	
	2권(30회) 주 5회	권당 1.5개월×3 = 4.5개월
	3권(30회) 주 5회	
	4권(30회) 주 3회	권당 2.5개월×3 = 7.5개월
	5권(30회) 주 3회	
	6권(30회) 주 3회	총 12개월

단어 외울 때 챙겨야 할 것들

● 스펠링 암기보다 단어의 정확한 발음을 아는 것이 중요하다

단어를 외울 때는 철자를 하나하나 외우는 것보다 정확한 발음을 익히는 것이 중요하다. 매회 20개 단어의 스펠링을 전부 외운다기보다, 정확한 발음을 익혀 파닉스 규칙에 맞게 발음하면서 동시에 발음대로 쓸 수 있는지 확인하는 방식으로 셀프 테스트를 진행한다. 파닉스 규칙에 어긋나는 단어의 스펠링만 외운다.

● 단어를 외울 때 그 단어의 '품사'를 함께 외운다

어휘 실력은 영어 쓰기 영역에서 영향력을 발휘한다. 문장을 구성할 때 어휘를 문법적으로 정확하게 사용하기 위해서는 어휘의 품사를 파악하는 것이 매우 중요하다. 6단계에서 쌓은 어휘 실력은 8단계 문법을 익힐 때와 10단계 영작 연습을 할 때 정확하고 완전한 문장으로 꽃을 피울 것이다.

● 영한사전을 활용해 하나의 단어가 가진 '다의'를 챙긴다

단어를 외울 때 영한사전을 검색해 하나의 단어가 갖는 다양한 의미를 확인하자. 단어를 외우는 것이 '영어 단어 1 : 우리말 의미 1'의 단순 1:1 매칭 암기가 아니라, 배경지식을 쌓는 행위가 되어야 한다. 하나의 단어가 얼마나 다양한 의미로 사용되는지 예문을 통해 각각의 쓰임새를 알아보고, 번역가 박산호의 저서 〈단어의 배신〉처럼 다의어와 예문을 정리해 나만의 단어장을 만들어보자.

● 유의어 사전을 활용해 단어의 '유의어'를 챙긴다

단어를 외울 때 유의어 사전을 검색해 그 단어의 유의어를 정리하는 습관을 들이자. 이후 영어 쓰기 연습을 할 때 매우 유용하게 활용할 수 있다.

1년간 열심히 공부한 〈4000 Essential English Words〉 1~6권을 잘 보관하자. '10단계: 영어 쓰기 연습'에서 다시 사용할 계획이다. 교재에서 제공하는 단어 예문은 '문장 베껴 쓰기'를 할 때, 독해 지문은 '요약하기'와 '리텔링'을 할 때 활용할 것이다.

수민 생각

초등학교 4학년 때 〈4000 Essential English Words〉 교재를 들고 학교에 간 적이 있다. 우리 반에 어릴 적에 영어권 나라에서 살다 와서 영어를 아주 잘하는 친구가 같은 교재로 공부하는 걸 보고 놀랐다. 어학연수를 다녀온 친구들과 비교해 내 영어 실력이 어느 정도 수준인지 알 수 없어서 불안한 마음이 생기기도 했는데, 원어민과

다름없는 친구와 실력 차이가 나지 않는다는 걸 알게 돼 마음이 한결 놓였다.

<4000 Essential English Words>의 1회 분량인 20개 단어에는 내가 아는 단어도 있고 새로운 단어도 있었다. 알고 있었던 단어는 보다 정확한 뜻을 알게 되어 좋았고, 새로운 단어는 알고 있던 단어와 연관 지어 알게 돼서 좋았다. 문제 풀이가 단어를 외우는 데 도움이 되었다. 독해 지문은 단어를 어떻게 활용하는지 알려주었다. 영어책을 볼 때 새로 외운 단어를 만나면 기분이 좋았다. 아는 단어가 많아지면서 영어책 읽기가 조금씩 더 편해졌다.

7단계 – 읽기

논픽션 읽기(11~13세)

초등학교 1, 2학년과 초등학교 3학년은 다르다. 초등학교 1, 2학년이 학교생활에 적응하고 또래 친구들과 몰려다니며 놀이터를 장악하는 시기라면, 초등학교 3학년은 학습에 대한 욕구가 올라오는 시기다. 영어를 거부하던 아이가 '이제 한번 해볼까?'라는 마음을 먹기도 한다. 초등학교 3학년이 되기까지 영어 노출이 전혀 없었던 아이라도 이때 듣기부터 시작해도 늦지 않다.

영어 논픽션 읽기

초등학교 4학년은 또 다르다. 초등학교 3학년까지는 수업 시간에 선생님 말씀만 잘 들어도 학교 수업을 따라갈 수 있지만, 4학년이 되면 교과 내용을 이해하는 데 배경지식이 필요하다. 사고력과 이해력이 성숙하지 않았거나 배경지식이 부족하면 학교 공부를 따라가지 못하기도 한다. 초등학교 저학년과 확연히 구분되는 초등학교 4학년은 국내에서 출간된 논픽션을 읽기 좋은 시기다. 논픽션을 읽으면서 배경지식을 쌓고 사고력과 이해력을 배양해야 한다. 한글책 독서와 영어 노출을 꾸준히 해온 아이라면 이때 국내 논픽션 읽기와 영어 논픽션 읽기를 함께하면 좋다.

큰아이는 초등학교 3학년 때 식물도감, 동물도감, 곤충도감, 인체도감, 브리태니커 백과사전 등 사전류의 책을 한글 버전으로 읽으면서 〈Magic School Bus〉 리더스북을 읽었다. 초등학교 4학년 때 즐겨 읽은 영어 논픽션은 스콜라스틱의 〈Horrible Science〉 시리즈다. 생소한 과학 용어가 나올 때마다 사전을 찾으면 읽는 속도가 더뎌지고 읽는 맛도 떨어지므로 〈Horrible Science〉의 우리말 번역서인 주니어김영사의 〈앗〉 시리즈와 함께 보기를 권한다.

수민 생각

엄마는 영어 그림책과 리더스북은 얼마든지 읽어주셨지만 논픽션 시리즈는 잘 읽어주시지 않았다. 나중에 알게 됐는데, 엄마가 논픽션을 별로 좋아하지 않으셨기 때문이다. 특히 뱀 사진이 나오는 'Snakes'를 읽어달라고 하면 책을 뿌리칠 정도로 파충류 관련 책을 싫어하셨다.

일곱 살 때 엄마가 중고 책방에서 140권짜리 〈JDM Reading Step〉을 사 오셨다. 그중에는 뱀이면 뱀, 고래면 고래 등 여러 가지 동물과 평소 궁금했던 자연 현상을 사진과 함께 쉽게 설명하는 논픽션 책이 꽤 많았다. 엄마가 읽어주지 않으셔서 어쩔 수 없이 내가 직접 한 권 한 권 읽기 시작했는데, 아무 도움 없이 혼자 읽어서인지 더 재미있게 느껴졌다. 그때부터 논픽션을 좋아하게 되었다.

일곱 살 때와 초등학교 1학년 때는 〈JDM Reading Step〉 시리즈를, 초등학교 2학년부터는 〈Magic School Bus〉 애니메이션을 보면서 리더스북 시리즈를 읽었다. 초등학교 4학년부터는 〈Horrible Science〉 시리즈를 읽으면서 내셔널 지오그래픽 채널의 다큐멘터리를 보았다.

여러 가지 과학 지식을 한 권에 모아 설명해주는 두꺼운 백과사전도 좋지만 인체면 인체, 로봇이면 로봇 등 한 권 한 권 지식을 깊게 파고드는 몇십 권짜리 세트 논픽션 책이 더 좋다. 이런 책들은 가벼워서 여기저기 들고 다니며 볼 수 있어서 편리하다. 게다가 두 시리즈 모두 아이들 눈높이에서 재미있게 과학 현상을 설명하고 있어 과학은 딱딱하고 어렵다는 고정관념을 완전히 없애준다.

8단계 - 문법

문법책 한 권 떼기(13세)

초등학교 6학년은 영어 학습의 산 3개 중 마지막 산인 문법의 산을 정복하기 좋은 시기다. 우리 세대는 중학교 때 영어를 시작했으므로 중학교 3학년 겨울방학이 영문법을 마스터하기에 적당한 시기였다. 나는 중3 겨울방학 때 고등학생이 되기 전에 무얼 준비할지 고민하다가 단과 학원에서 영문법 강좌를 들었다. '성문기본 3개월 완성' 코스였다.

3개월 동안 영문법을 마스터하고 나서 영어 교과서를 보니 영어 교과서가 달라 보였다. 문장이 문장 구성성분별로 해체되어 입체적으로 보이면서 보다 정확하게 해석할 수 있었다. 긴 문장을 만나도 어렵지 않았다. 모르는 단어를 찾고 문법책의 도움을 받아 문장을 분석하면 의미를 파악할 수 있었다. 나와 잘 맞는 문법책 한 권이 기꺼이 암호 해독기 역할을 해주었다.

세월이 흘러 영어를 학습하는 연령대가 낮아진 지금도 어휘와 문법은 인지력이 발달한 후에 학습해야 효과를 볼 수 있다.* 우리 큰아이가 초등학교 4학년 때 어휘를, 초등학교 6학년 때 문법을 시작한 이유다.

> *문법이나 어휘 영역은 2, 3세가 아니라 어느 정도 인지력이 발달한 이후(10세 전후)에 학습해야 더 많은 발전을 얻을 수 있다는 결과도 적지 않다. 특히 문법은 복잡한 구조와 변형의 원칙을 이해하고 적용할 수 있는 능력이 필요한 영역이기 때문에 정보를 통합하고 분류하는 능력이 부족한 어린 나이에는 학습을 한다 해도 그 효과는 미지수이다.
>
> (〈이보영 선생님~ 우리 아이 영어 어쩌죠?〉 39쪽)

예나 지금이나 문법은 어렵고 지루하다. 대형 학원에서는 문법을 잘게 쪼개 문법이 아닌 것처럼 재미있게 만들어서 오랜 시간 공을 들여 아이들 머릿속에 집어넣는다. 그러나 이러한 방법은 문법을 거부하는 아이에게 효과는 있겠지만 시간과 비용이 많이 들기 때문에 내가 지향하는 영어 공부법과는 거리가 멀다. 큰아이가 초등학교 6학년이 된 3월, 나는 단시간에 끝내는 문법과의 '정면 대결'을 선택했다.

초등학교 6학년, 아빠의 문법책을 물려받다

영문법 정복과 관련한 우리 부부의 에피소드가 있다. 20년 전, 대학 3학년까지 마치고 군대에 다녀와 복학을 준비하던 남편은 1년간 휴학을 하고 미국으로 어학연수를 갔다. 당시 나는 한국에서 대학을 마치고 첫 직장에서 1년 동안 일했지만 직업 가치관이 맞지 않아 새로운 길을 찾고자 미국으로 갔다. 우리는 미국에서 처음 만나 미국 주립대학에 편입

할 목적으로 토플 시험을 함께 치렀다. 결과는 나는 합격 기준 점수를 넘겼지만 남편은 그러지 못했다. 잠깐 좌절했던 남편은 내게 도움을 요청했고 나는 기꺼이 도와주었다. 나의 조언은 "어휘를 공략하면서 동시에 문법을 마스터하라."였다. 매일 토플 영단어를 50개씩 외우면서 〈Basic Grammar in Use〉를 풀었다. 3개월 후 남편은 다시 토플 시험을 치렀고, 입학허가서를 받았다.

이처럼 어휘와 문법은 영어 학습에서 굉장히 중요한 영역이다. 이 2가지만 확실하게 잡아도 영어 기본기를 장착한 셈이다. 나머지는 얼마나 부지런히 영어 노출을 해왔는지가 결정한다. '6단계 : 어휘 - 필수 단어 외우기'에서 어휘력을 쌓았다면 이제 문법을 공략할 차례다.

초등학교 6학년이 된 큰아이에게 〈Basic Grammar in Use〉를 선물했다. 아빠가 미국 입학허가서를 받을 수 있도록 도와준 책이자 엄마와 아빠를 이어준 고마운 책이라는 설명을 덧붙였다. 아이는 사연 많은 문법책에 관심을 보였다.

먼저, 용어 정리하기

문법 교재 〈Basic Grammar in Use〉를 원서로 보기 위해서는 책에서 주로 사용하는 용어를 먼저 정리할 필요가 있다. 큰아이에게 noun은 명사, pronoun은 대명사, verb는 동사, adjective는 형용사 등 8품사와 subject는 주어, verb는 동사, object는 목적어, complement는 보어 등 문장 구성성분의 용어를 알려준 다음에 〈Basic Grammar in Use〉를 안겨주었다. “이제는 네가 스스로 해야 한다.”는 말과 함께.

8품사 정리

- **명사(noun)** : 사람, 사물, 장소 등의 이름을 나타내는 단어
- **대명사(pronoun)** : 사람이나 사물의 이름을 대신하는 단어
- **동사(verb)** : 주어의 동작이나 상태를 나타내는 단어
  - be동사 : 주로 ‘~이다, ~있다’의 의미로 인칭에 따라 am, are, is로 나타낸다.
  - 일반동사 : be동사를 제외한 동사
  - 조동사 : 동사를 보조하는 동사로, 동사 앞에 위치한다.
- **형용사(adjective)** : 명사를 수식하거나 보어 역할을 하는 단어
  - 명사 수식 : 명사를 수식해 상태, 성질 등을 나타낸다.
  - 보어 역할 : 주격 보어나 목적격 보어 역할을 한다.
- **부사(adverb)** : 동사, 형용사, 부사 등을 수식하는 단어
- **전치사(preposition)** : 명사 앞에 놓여 시간, 장소, 방향 등을 나타내는 단어
- **접속사(conjunction)** : 단어와 단어, 구와 구, 절과 절을 연결해주는 단어
- **감탄사(interjection)** : ‘어머나’, ‘ 우와’ 등 감정을 나타내는 단어

※ 단어 암기할 때, 단어의 품사를 함께 외운다.

문장의 구성 성분과 문장의 5형식 정리

- **1형식** : 주어(subject)+동사(verb)
  ex) Birds sing.
- **2형식** : 주어(subject) +동사(verb)+보어(complement)
  ex) I am busy.
- **3형식** : 주어(subject)+동사(verb)+목적어(object)
  ex) I like ice cream.
- **4형식** : 주어(subject)+동사(verb)+간접목적어(indirect object)
  +직접목적어(direct object)
  ex) I gave her the book.
- **5형식** : 주어(subject)+동사(verb)+목적어(object)
  +목적보어(object complement)

ex) She made me happy.

※ 동사를 외울 때 몇 형식에서 주로 사용하는 동사인지 함께 외운다.
※ 1형식부터 5형식까지 문장의 형식별로 대표 문장을 정리해 외운다.
※ 문장에서 주어와 동사, 목적어와 보어를 구분하는 연습을 한다.
※ 긴 문장을 만나면 어디까지가 주어이고 어디까지가 서술어인지 파악하는 습관을 들인다.

이러한 문법 공부는 영어 문장을 정확하게 해석하는 데 도움이 되기에 매우 유효하다. 논리적인 말하기와 쓰기로도 이어진다.

〈Basic Grammar in Use〉 활용하기

〈Basic Grammar in Use〉는 총 116개 유닛으로 구성돼 있다. 20년 전이나 지금이나 그 구성은 같다. 한 유닛은 두 페이지 분량으로, 한 페이지에 문법 설명이 있고 다른 한 페이지에 연습 문제가 있다. 116개 유닛 232페이지를 모두 풀면 문법책 한 권을 마친 셈이다.

남편은 성인이라 매일 2개의 유닛을 공부해 2개월 만에 116개의 유닛을 마스터했지만, 큰아이는 초등학생이라 하루에 1개의 유닛만 공부하기로 했다. 주말을 제외하면 한 달에 20개의 유닛을 할 수 있으므로 6개월이면 문법책 한 권을 마칠 수 있다. 6개월 후 아이는 문법책 한 권을 마쳤고 스스로 해냈다는 자부심이 대단했다. 높은 산을 하나 넘은 듯한 성취감을 맛보았다고 했다.

부모 입장에서는 하루에 1개의 유닛이 너무 적어 보이겠지만 하루에 두 페이지 분량도 초등학생에게는 버거울 수 있다. 하루에 1개의 유닛을 마쳤다면 남은 시간은 오롯이 아이의 자유 선택에 맡기자.

문법책 한 권을 끝낸 후 영어 학습의 속도와 질이 한 단계 업그레이드 되었다. 영어 듣기와 읽기는 보다 정확하게, 영어 말하기와 쓰기는 보다 유창하게 할 수 있게 되었다. 중학교에서 영어 문법은 바로 시험문제로 연결된다. 초등학교 6학년 때 한 문법 공부는 중학교 내신 영어 성적에 긍정적인 영향을 끼쳤다.

Tip 영어 노출이 귀했던 우리 세대의 문법 공부는 거대한 산을 넘는 것 같았지만 영어 노출이 다양해진 지금 아이들에게 문법 공부는 산은 산이되 지루한 산에 가깝다. 이미 듣고 읽어서 익숙해진 문장에서 구성 성분을 파악하고 배열을 익히는 과정이다. 큰아이가 받아들이는 문법은 내가 예상했던 것보다 훨씬 가벼운 수준이었다. 문법은 영어를 보다 정확하게 공부하기 위한 수단일 뿐, 문법이라는 산을 넘었다면 산에 머물지 말고 좀 더 넓고 깊은 영어의 바다를 만날 수 있도록 유도하자.

수민 생각

〈Basic Grammar in Use〉를 접하기 전에 내가 알고 있었던 문장 규칙은 주어 다음에 동사가 온다거나 장소나 시간에 대한 정보는 주로 문장의 뒷부분에 둔다는 것이었다. 우리말과 마찬가지로 시점에 따라 동사를 변형해서 사용하는 것 정도는 파악할 수 있었다.

초등학교 6학년 초에 〈Basic Grammar in Use〉를 하루에 한 장씩 풀면서 내가 짐작했던 문장의 규칙들이 문법으로 정리돼 있다는 걸 알게 되었다. 영어 문장의 규칙들을 보다 정확하고 자세하게 알게 되었다. 문법책 한 권을 처음부터 끝까지 푼 경험은 낯선 곳을 혼자서 끝까지 탐험하고 돌아왔을 때의 쾌감을 선사했다. 이후에 영어책을 읽을 때 문장이 달라 보였다. 문장 구성성분이 자동으로 구분되어 보이기 시작했다. 긴 문장을 만나도 주어와 서술어를 찾으면 해석이 가능하다는 사실을 알게 되었다.

중학교에 입학하고 나니 초등학교 때와는 달리 영어 교과서에서 문법 파트의 비중이 컸고, 영어 시험에 문법 문제가 많이 출제되었다. 6학년 때 <Basic Grammar in Use>에서 다양한 문제를 풀어본 경험이 문제를 푸는 데 큰 도움이 되었다. 문장의 빈칸 채우기, 문장 완성하기 등의 문제를 풀 때 특히 도움이 되었다. 학교 영어 시험에서 좋은 성적을 받으려면 먼저 문법을 자기 것으로 만들어야 한다.

중학교 1학년 국어 수업에서는 국어 문법을 배운다. 국어 문법은 영문법과 다르지만 영문법을 익히고 나서 국어 문법을 배우니 좀 더 쉽게 이해되었다. 한 가지 언어의 문법을 마스터하는 것이 다른 언어의 문법을 익히는 데 도움이 된다는 걸 알게 되었다.

디딤돌 3단계

아이가 시사에 관심을 보이기 시작했다면 <심슨 가족> 시리즈 보기

초등학교 고학년 아이가 볼 만한 시리즈를 찾던 중 유학 시절 현지인 룸메이트가 해준 조언이 떠올랐다. "영어를 공부한다면 〈심슨 가족〉을 보라!"

〈The Simpsons〉는 1987년에 방영을 시작한 미국의 인기 애니메이션이다. 미국 텔레비전 방송 역사상 가장 오랜 기간 주 시청 시간대에 방영되었다. 1999년 12 월 31일자 〈타임〉지는 〈심슨 가족〉을 20세기 최고의 TV 시리즈로 선정했고, 2000년 1월 14일에는 할리우드의 명예의 전당에 올랐다. 〈심슨 가족〉 시리즈는 가상 마을 스프링필드에 사는 심슨 가족을 통해 미국 사회와 국제 정세를 비판하는 풍자물이다. 미국 중산층 가족의 일상을 엿볼 수 있다.

큰아이는 초등학교 5학년을 마칠 무렵부터 국내 정치나 국제 정세에 관심을 보였다. 반 친구와 함께 우리말 신문을 읽으며 시사 문제에 관심을 이어갔다. 그 무렵에 〈The Simpsons〉 시리즈를 보여주었다. 사회 풍자물인 〈The Simpsons〉 시리즈는 우리 집 두 아이의 취향을 저격했다.

도널드 트럼프가 미국 대통령으로 취임하던 날, 〈The Simpsons〉 시리즈 2000년 에피소드에서 그가 이미 대통령으로 등장한 장면을 본 아이들은 애니메이션 속 에피소드가 현실에서 재현되는 상황에 신기해하며 〈The Simpsons〉 시리즈에 더욱 심취했다.

아빠 호머 심슨, 엄마 마지 심슨, 아들 바트와 딸 리사로 구성된 4인 가족 중심 에피소드가 주를 이루므로 온 가족이 함께 보면 더욱 좋다. 1989년부터 지금껏 초등학교 5학년인 바트와 초등학교 3학년인 리사는 우리 집 아이들의 좋은 친구다. 30년째 초등학생인 두 주인공 바트와 리사는 에피소드마다 우리 집 아이들에게 생각할 거리를 제공했고, 큰아이는 문법 공부를 하며 지루할 때마다 〈The Simpsons〉 시리즈를 시청했다. 단, 등장인물 중 초등학생이 있지만 현실 풍자가 많기 때문에 저학년 아이와 시청하기는 부적절한 것 같다. 아이가 사회에 관심을 보이는 나이가 되었을 때 권해보자.

수민 생각

초등학교 5학년 때 엄마가 사 오신 〈Harry Potter〉 시리즈를 보려고 몇 번이나 시도했지만 몰입이 되지 않았다. 정품 DVD 시리즈라 아까워서라도 억지로 보라고 할 만도 한데 엄마는 강요하지 않으셨고, 그래서 오히려 고마운 마음이 들었다. 그다음에 사 오신 게 〈The Simpsons〉 시리즈였다. 그때도 엄마는 재미있으면 보고 재미없으면 보지 말라고 하셨다. 그러나 〈The Simpsons〉는 첫 에피소드부터 너무나 재미있어 다음 에피소드가 궁금했고 계속 보고 싶었다. 시간이 날 때마다 동생과 함께 보았다.

〈The Simpsons〉는 국제적인 이슈를 다룬다. 이걸 보면 영어 실력 향상은 물론 전 세계를 둘러싼 사회 문제에 대해 생각하게 된다. 매일 아침 〈경향신문〉의 4컷 만화 '장도리'를 챙겨 보는데, '장도리'와 〈The Simpsons〉는 풍자물이라는 공통점이 있다. 〈The Simpsons〉는 '장도리'의 확장 버전처럼 느껴진다.

9단계 – 말하기

영어 말하기 연습(13~14세)

영자 신문 구독에 앞서 우리말 신문 구독

어휘와 문법의 산을 넘은 아이에게 어떤 자료를 줄까 고민하다가 영자 신문을 떠올렸다. 영자 신문 샘플을 종류별로 신청해서 훑어보았다. 어느 신문을 선택할지 고민하던 중 우리말 신문 읽기도 습관이 되어 있지 않은데 과연 아이가 영자 신문을 읽을지 의구심이 들었다.

모국어보다 한두 단계 낮은 수준의 영어 독서는 아이가 스트레스 없이 영어책을 읽게 하는 데 한몫 단단히 했다. 아직도 모국어 우선 법칙을 고수하길 참 잘했다고 생각한다. 신문 읽기도 같은 방식을 적용하면 되겠다 싶었다. 영자 신문 구독에 앞서 우리말 신문부터 읽히기로 했다.

초등학생이 신문을 통째로 다 읽기는 힘든 일이라 내가 먼저 읽고 적당한 기사를 스크랩해서 보여주기로 했다. 고등학생 시절 엄마가 3년 내내 신문 기사를 스크랩해 읽으라고 하지 않고 책상 위에 올려놓았던 것도 떠올리며 이젠 내가 직접 해보자 마음먹었다.

우선 매일 그날의 주요 기사 한 건과 신문의 생활영어 기사를 스크랩했다. 내가 활용한 건 〈경향신문〉 27면의 '마스터 영어'였다. 3분의 1은 생활영어, 3분의 1은 토익 시험 대비 문항, 3분의 1은 TED의 명연설문 한 단락으로 구성되어 아침 식사 전에 10분만 투자하면 식탁에서 부담 없이 볼 수 있는 분량이다.(지면 개편으로 최근에는 '마스터 영어'가 없어졌다. 독자분들은 참고하시길.)

목이 결리던 어느 날 아침, 한의원을 갈까 정형외과를 갈까 고민하던 중 문득 '목이 결려', '목이 뻐근해'를 영어로 뭐라고 하는지가 궁금했다. 그날 마침 신문에 목이 결려 힘들어하는 동료에게 한의원에 가보라는 회화가 실렸다.

A : I have a stiff neck. I don't know what to do.

목이 뻐근해. 뭘 해야 할지 모르겠어.

B : If you've got a stiff neck, try a herbal remedy.

목이 결리면 한방 치료를 해봐.

신문의 생활영어는 영어 교과서나 영어 회화 교재에서는 좀처럼 만날 수 없는 최신 표현을 접할 수 있어 좋다. 우리는 영자 신문 구독에 앞서 우리말 신문을 읽으면서 많은 걸 얻었다. 기사를 스크랩하고 마스터 영어에서 생생한 현지 영어를 배웠다. 신문 읽기에 재미를 느낀 큰아이는 초등학교 6학년 2학기 때 꿈의 학교 '청소년 기자단' 프로그램에 참여했다. 조사하기, 인터뷰하기, 기사 쓰기, 편집하기 등 신문기사를 쓰는 전반적인 과정에 참여하며 신문이 어떻게 만들어지는지를 배웠다. 직접 기사를 쓰면서 사실적이고 논리적인 우리말 글쓰기 연습을 한 셈이다.

영어 연설 따라 하기, 〈스피치 세계사〉

큰아이가 초등학생으로 맞는 마지막 겨울방학을 앞두고 나는 엄마표 영어를 지속할지 말지를 고민했다. 큰아이에게 물었다.

"이제 엄마표 그만할까 봐. 친구들 다니는 영어 학원 알아볼까?"

"아니, 왜?"

"중학생이 웬 엄마표야? 좀 그렇지 않아?"

"나보고 지금 학원 가서 영어 단어 100개씩 외우고, 문법 문제 10페이지씩 풀고, 모의고사 풀고……. 그런 거 하라고?"

"아니, 찾아보면 괜찮은 학원이 있을 거야."

"싫어! 난 엄마랑 할래!"

아이가 원할 때까지 하자던 엄마표 영어의 첫 마음을 되새겨야 할 때였다. 아이가 "나 이제 그만 할래."라고 할 때까지 계속하자고 다시 마음먹었다.

"엄마, 학교에서 스티브 잡스가 스탠포드 대학에서 하는 연설을 봤는데, 너무 좋았어요. 잡스의 연설 따라 하기 해보면 어떨까요?"

큰아이가 스티브 잡스의 스탠퍼드 대학 연설을 따라 해보자고 제안했다. 연설문을 찾다가 〈스피치 세계사〉(휴머니스트)를 만났다. 어학은 수단일 뿐 내용이 중요하다고 생각하는 나에게 이 책은 딱 맞는 교재였다. 세계인을 감동시킨 명연설문이 엄마표 영어 말하기 교재가 되었다. 세상을 설득한 명연설로 현대사를 배우는 동시에 별책 부록의 명연설 원문을 통해 영어 공부도 할 수 있었다.

다음과 같이 스티브 잡스의 스탠퍼드 대학 연설을 연습했다. 다른 연설을 연습할 때도 이 순서대로 해보자.

1. 유튜브에서 스티브 잡스의 스탠퍼드 대학 연설 동영상을 본다.
2. 〈스피치 세계사〉 별책 부록에 있는 스티브 잡스의 연설문 원문을 읽는다.
3. 술술 읽힐 때까지 반복해서 소리 내어 읽는다.
4. 유튜브의 스티브 잡스 스탠퍼드 대학 연설 동영상을 틀어놓고 '섀도 리딩'을 한다. 잡스가 쉴 때 쉬고, 잡스가 강조할 때 강조한다.
5. 〈스피치 세계사〉에서 전문 번역가의 우리말 번역과 나의 해석을 비교하며 의역의 묘미를 맛본다.

우리말을 들으면 머릿속에 한글 문장이 남듯 영어를 들으면 머릿속에 영문이 남는다. 즉, 원어는 원어 그대로 인식된다. 하지만 연설처럼 호흡이 긴 영어 말하기를 듣는 경우, 듣는 동시에 우리말 문장으로 머릿속에 그려져야 맥락을 놓치지 않고 끝까지 집중해서 들을 수 있다. 그러므로 전문 번역가의 번역과 자신의 해석을 비교하며 번역 실력을 향상시키는 것은 매우 중요한 공부다. 모국어를 잘해야 외국어를 잘할 수 있다는 말과 일맥상통한다.

잠자리에서 큰소리로 읽기를 반복하면 저절로 외워진다. 큰아이는 일주일 동안 밤마다 다섯 번씩 잡스의 연설문을 소리 내어 읽었다. '섀도 리딩'은 귀로 들으면서 따라 읽는 방식이다. 엄청난 집중력을 요구하기에 상당한 에너지가 들어간다. 그래서 섀도 리딩은 일주일에 딱 한 번만 했다. 월요일에 섀도 리딩을 했다면 화·수·목·금요일에는 자신이 마치 잡스가 된 것처럼 연기하며 스피치 연습을 했다. 연설문을 듣고 보면서 읽는 잡스와는 달리 큰아이는 연설문 없이 연설했다. 문장이 기억나면 기억나는 대로, 기억나지 않으면 즉석에서 문장을 만들어 연습했다.

스티브 잡스 스탠퍼드 대학 연설문 :

Part1_Steve Jobs Stanford

수민이의 스티브 잡스 연설 따라하기 맛보기 :

Part1_스티브 잡스 연설 따라하기

● 영어 연설이 어렵다면, 먼저 영어 그림책 스토리텔링을 해보자

영어를 1~2년 배운 초등학교 4학년 정도의 아이라면 영어 연설에 앞서 영어 그림책 스토리텔링을 해볼 것을 권한다. 유치원생과 초등학교 저학년을 대상으로 영어 문장 전달하기를 연습해보자.

〈We're Going on a Bear Hunt〉 스토리텔링

Part1_마이클 로젠 We're going on a bear hunt

● 영어 그림책 스토리텔링을 연습했다면 다시 영어 연설에 도전해보자

방탄소년단 RM의 유엔 연설과 스티브 잡스의 스탠퍼드 대학 연설을

추천한다. 두 사람 모두 연설문을 들고 눈으로 확인하면서 연설한다. 연설문을 보지 않고 연설하기란 그만큼 어려운 일이다. 가장 인상 깊은 한 문장 따라 하기로 시작해보자. 두 문장, 세 문장으로 늘이다가 한 문단 두 문단으로 이어서 따라 하면 된다.

거울 앞에서 연설하거나 연설하는 모습을 동영상으로 찍어 자신의 연설하는 모습을 모니터링하면서 연습을 반복하면 영어 스피치 실력이 훌쩍 자랄 것이다.

BTS RM의 유엔 연설

The full speech that RM of BTS gave at the United Nations (September 24, 2018)

Part1_BTS RM의 유엔 연설

라디오를 켜자, 굿모닝팝스

라디오 영어 방송 듣기는 세대를 잇는 영어 공부 방법 중 하나다. 우리 집은 남편의 추천으로 온 가족이 〈굿모닝팝스〉에 입문했다. 〈굿모닝팝스〉는 1988년에 첫 방송을 시작해 현재까지 이어지는 장수 영어 라디오 프로그램이다. 아침 6시부터 7시까지 KBS FM(89.1MHz)을 통해 들을 수 있고, 팟캐스트나 홈페이지를 이용하면 언제든 들을 수 있다. 우리 부부가 대학생이던 1990년대에는 방송인 오성식이 진행했고, 지금은 조승연 작가가 진행을 맡고 있다.

매달 25일 무렵 다음 달 교재가 도착하면 남편은 교재 속 영화와 팝송을 먼저 챙긴다. 영화와 팝송을 다운로드받아 수시로 보고 들으면서 다음 달을 준비한다. 〈굿모닝팝스〉는 그달의 영화 한 편과 팝송 몇 곡을 중심으로 한 3개 코너로 구성돼 있다.(코너 구성 수시로 변경) 영화 속 명장면과 명대사, 그 너머에 있는 영어 인문학까지 아우르는 'Beyond Cinema' 코너, 팝 가사 속에 담긴 영어 표현과 문화 이야기를 다루는 'Pops'Tale' 코너와 영어 단어의 뿌리를 따라가면서 언어 추리력을 높이고 언어 감을 키우는 'Word Block Play' 코너로, 한 시간이 금세 지나간다. 금요일에는 전 세계 곳곳의 소식들을 통해 시사 상식을 공부하는 'Friday News Pick'을, 토요일에는 조승연이 추천하는 영시 한 편을 감상하는 '영시 한 모금'을 들을 수 있다.

남편은 영어 공부는 무조건 재미있어야 오래 지속할 수 있다며, 자신이 들어서 재미있었던 날의 녹화 분을 다운로드받아 온 가족이 차로 이동할 때마다 틀어주곤 한다.

전 세계 명연설이 내 손 안에, TED

TED는 알릴 가치가 있는 아이디어(Ideas Worth Spreading)를 모토로 한 미국의 비영리 재단에서 운영하는 강연회다. 1984년에 창립된 이후 1990년부터 매년 기술(Technology), 오락(Entertainment), 디자인(Design) 관련 강연회를 개최한다. 미국뿐만 아니라 유럽, 아시아 등에서 강연회를 개최하고 있다. 2006년부터 TED 강연 동영상을 웹사이트에 올려 많은 인기를 끌고 있다.

스마트폰의 TED 앱을 이용하면 전 세계의 명연설을 언제든 들을 수 있다. 강연 시간이 18분 이내여서 공부하기에도 적당한 분량이다.

마음에 드는 연설을 만나면 다음 순서대로 따라 해보자.

1. 일요일 저녁, 최신 TED 강연 중 맘에 드는 영상을 하나 고른다. 없으면 그 주는 패스한다.
2. 일주일 동안, 매일 아침에 선택한 TED 강연을 듣는다. 스크립트를 보면서 듣는다.
3. 하루 한 문장, 마음에 꽂힌 문장을 베껴 쓰면서 자신의 문장으로 만든다.
4. 섀도 리딩을 한다.

명연설을 활용한 영어 공부는 영어 실력 향상은 물론 인생에 지침이 될 만한 좋은 내용을 얻을 수 있어서 좋다.

TED Talk

www.ted.com/talks

Part1_TED Talk 사이트

영어 말하기 대회에 출전

중학교 영어 말하기 대회 평가 기준은 대체로 다음과 같다. 정확한 발음보다 중요한 것이 적절한 어휘와 어법에 맞는 문장으로 이루어진 논리적이고 개연적인 내용을 얼마나 효과적으로 전달하는가이다. 창의적인 내용이면 더욱 좋다.

평가 영역	평가 요소	배점	총점	평가 방법
영어 구사 능력	적절한 발음, 어휘, 어법에 맞는 문장 구사 능력	40	100	심사위원 개별 평가 후 합산해서 최다득점자 순으로 선발
발표 내용	– 발표 내용의 논리성 및 개연성 – 주제에 적합한 창의적인 내용	30		
발표 방법	발표에 적합한 자세 및 적절한 자료 활용	30		

수민 생각

중학교 1학년 여름방학을 앞두고 교내 영어 말하기 대회에 출전했다. 먼저 자신이 좋아하는 음식을 주제로 영어 에세이를 쓰는 숙제가 있었다. 영어 수업 시간에 그 에세이를 토대로 발표를 진행했다. 각 반에서 발표를 잘한 아이 3~4명을 뽑는 것이 예선이었고, 그 아이들이 자신이 좋아하는 음식에 대한 PPT 자료를 만들고 정해진 시간 안에 발표를 완료하는 것이 본선이었다.

나는 내가 좋아하는 간계밥(간장계란밥)을 소재로 간계밥에 대한 설명, 간계밥에 얽힌 나의 이야기, 간계밥 레시피를 발표했다. 예선은 가뿐하게 통과했고, 반을 대표해 본선에 나갔다. 내가 첫 번째 발표자여서 굉장히 떨렸지만 침착하게 발표하기 위해 최선을 다했다.

내 발표를 끝내고 다른 반 예선 통과자들의 발표를 보면서 깜짝 놀랐다. 본선에 나온 아이들은 영어 말하기를 정말 잘했다. 〈냉장고를 부탁해〉에서 본 '고든 램지' 같았다. 나중에 알고 보니 본선에 출전한 아이들 중 몇 명은 미국에서 태어나 초등학생 때까지 살다 온, 아이들이었다. 게다가 '스시의 역사'나 '우리나라 전통 음식' 등 역사와 문화에 대해 발표한 아이들이 있어 내가 상을 받지는 못 할 거라 예상했다. 그런데 대망의 1위 최우수상을 받은 사람은 바로 나였다. 처음에는 나보다 잘한 아이가 많았는데 내가 상을 받아도 될까 싶었다. 이번 영어 말하기 대회를 통해 느낀 점은 영어 학원을 다니지 않아도 전혀 기죽을 필요가 없다는 거였다. 현지인 같은 발음과 제스처보다 중요한 것이 자신의 이야기를 얼마나 논리적으로 전달하는가이다. 논리적인 말하기는 꼭 해외 연수를 가지 않아도 충분한 우리말 독서와 적절한 영어 노출을 통해 가능하다.

147

: 아이들과 볼 만한 연설, 강연 :

Part1_BTS RM의 유엔 연설

BTS RM의 유엔 연설

The full speech that RM of BTS gave at the United Nations (September 24, 2018)

Part1_Steve Jobs Stanford

스티브 잡스 (Steve Jobs) 스탠퍼드 대학 연설

'You've got to find what you love,' Jobs says (June 12, 2005)

Part1_TED_Inside the Mind of a Master Procrastinator

Inside the Mind of a Master Procrastinator

Tim Urban, February 2016

내용 : 중요한 일을 미루는 습관이 삶을 얼마나 갉아먹는지 누구나 잘 알고 있다. 하지만 그 습관을 떨쳐 내기란 결코 쉬운 일이 아니다. Tim Urban은 자신의 나쁜 습관을 고백하며 미루기에 대한 재미있고 통찰력 있는 이야기를 시작한다. 우리가 삶 속에서 진정으로 추구하기를 원하지만 계속 미루고 있던 일에 대해 다시 한 번 생각할 수 있는 기회가 된다.

▶ 수준 : 초등학교 4학년 이상

Part1_TED_The art of bow-making

The art of bow-making

Dong Woo Jang, February 2013

내용 : 강연 당시 만으로 열다섯 살이었던 장동우는 자신의 특별한 취미 활동을 소개했다. 서울의 아파트 숲에서 완벽한 활을 만들기 위해 수년에 걸쳐 노력한 과정을 이야기한다. 강연의 마지막 장면에서 그가 직접 만든 활을 쏘는 모습은 매우 인상적이다.

▶ 수준 : 초등학교 4학년 이상

There's more to life than being happy

Emily Esfahani Smith, April 2017

Part1_Ted_emily_
esfahani_smith

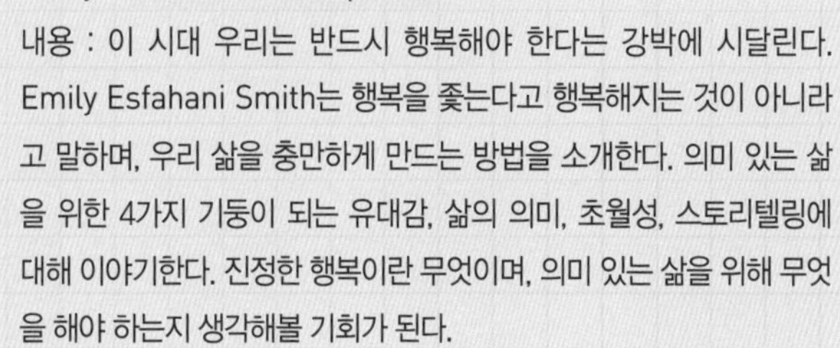

내용 : 이 시대 우리는 반드시 행복해야 한다는 강박에 시달린다. Emily Esfahani Smith는 행복을 좇는다고 행복해지는 것이 아니라고 말하며, 우리 삶을 충만하게 만드는 방법을 소개한다. 의미 있는 삶을 위한 4가지 기둥이 되는 유대감, 삶의 의미, 초월성, 스토리텔링에 대해 이야기한다. 진정한 행복이란 무엇이며, 의미 있는 삶을 위해 무엇을 해야 하는지 생각해볼 기회가 된다.

▶ 수준 : 초등학교 5학년 이상

10단계 – 쓰기

영어 쓰기 연습(13~16세)

요즘 중학교에서는 다양한 방식으로 영어 교과 평가가 이루어진다. 문법과 독해 문항 위주의 지필고사는 물론, 시 창작과 에세이 쓰기, 스피치와 프레젠테이션 등의 수행평가를 치른다. 초등학교 6학년 예비 중학생에게 영작 및 영어 말하기 연습이 필요한 이유다.

문법을 다진 초등학교 6학년이라면 영어 쓰기를 연습하자. 영어를 잘하는 아이라도 처음부터 에세이 한 편을 뚝딱 써내긴 어렵다.

1. 문장 베껴 쓰기
2. 요약하기
3. 리텔링을 단계적으로 충분히 연습한 뒤
4. 에세이 쓰기로 넘어가는 방식으로 차근차근 접근하자.

영어 쓰기 연습 1. 문장 베껴 쓰기

문장 베껴 쓰기는 읽기 레벨보다 낮은 수준의 쉬운 문장으로 시작하는 것이 좋다. 문장 베껴 쓰기 교재로 '6단계 : 어휘 - 필수 단어 외우기'에서 공부한 〈4000 Essential English Words〉를 활용해보자.

이 교재는 유닛마다 새로운 어휘 20개를 소개한다. 한 단어에 두 문장을 제공하는데, 하나는 단어의 뜻을 명확하게 정의하는 문장이고, 다른 한 문장은 그 단어를 활용한 예문이다. 문장 베껴 쓰기 단계에서 예문을 그대로 따라 쓰는 연습을 하면 된다. 대소 문자와 마침표, 쉼표, 물음표, 느낌표와 인용 부호 등 구두법까지 정확하게 베껴 써야 한다. '큰소리로 읽으면서 3번 쓰기'라는 구체적인 방법을 제시하자. 문장 베껴 쓰기는 영작에 두려움을 느끼는 아이에게 매우 효과적이다.

초등학교 6학년이라면 한 달만 일주일에 3회씩 연습해도 영작에 자신감을 얻는다. '6단계 : 어휘 - 필수 단어 외우기'에서 이미 공부한 바 있는 어휘를 다시 한번 복습하는 효과를 얻을 수 있다. 문장 베껴 쓰기는 영작할 때 올바른 문장을 쓰는 밑거름이 된다.

단어의 대표 예문을 베껴 쓰며 단어가 문장에서 어떻게 활용되는지 익힌다.

문장 베껴 쓰기 예

afraid → The woman was afraid of what she saw.
(afraid는 of와 함께 쓰인다는 것을 자연스레 익힐 수 있다.)

agree → A: The food was very good in that restaurant.
B: I agree with you.
(agree 뒤에 사람이 오는 경우 with를 사용한다는 것을 자연스레 익힐 수 있다.)

영어 쓰기 연습 2. 요약하기

〈4000 Essential English Words〉는 각 유닛의 마지막 페이지에 20개 단어를 모두 활용해 한 쪽 분량의 독해 지문을 수록해놓았다. 20개 단어의 예문을 베껴 썼다면, 해당 유닛의 독해 지문 요약하기를 할 차례다.

먼저 독해 지문을 읽고 다섯 문장으로 요약하기를 시도해보자.

1 This is a story about으로 시작하는 지문의 제목을 소개하는 문장
2 **기**(한 문장) : 지문의 도입 문장
3 **승**(한 문장) : 지문 속 사건을 설명하는 문장
4 **전**(한 문장) : 지문 속 사건의 전환을 설명하는 문장
5 **결**(한 문장) : 지문의 결론 문장

아이가 쓰기보다 말하기를 편하게 여긴다면, 요약해서 말하기를 먼저 진행한 뒤 지문 속 문장을 정확하게 베껴 쓰는 방식으로 요약해서 쓰기를 연습하면 무리 없이 잘 따라올 것이다. 말하기보다 쓰기가 편한 아이는 요약해서 쓰기를 먼저 한 뒤 그 문장을 외워 요약해서 말하기를 연습하면 된다. 이처럼 요약하기는 요약해서 말하기와 요약해서 쓰기를 함께 연습하는 것이 좋다.

독해 지문 요약하기 예

1 This is a story about으로 시작하는 지문의 제목을 소개하는 문장
This is a story about the lion and the rabbit.
2 **기** : 지문의 도입 문장
A lion in the forest ate a lot of animals every day.

3 승 : 지문 속 사건을 설명하는 문장

Other animals were afraid, so they made a deal with the lion. Each day one animal went to the lion so that he could eat it. Then, all of the other animals were safe.

4 전 : 지문 속 사건의 전환을 설명하는 문장

In the rabbit's turn, the rabbit led the lion to the well. He jumped into the well to attack the other lion and never came out.

5 결 : 지문의 결론 문장

All of the animals in the forest were very pleased with the rabbit's clever trick.

영어 쓰기 연습 3. 리텔링

요약하기를 충분히 연습했다면, 같은 독해 지문을 활용해 리텔링을 해보자. 리텔링은 '다시 말하기'라는 의미를 담은 용어다. 요약하기와 리텔링의 차이는 '나의 문장인가? 아닌가?'다. 지문 속 문장을 그대로 사용하면 요약하기이고, 자신의 문장으로 다시 쓰면 리텔링이 된다.

사실 예문을 베껴 쓰거나 독해 지문 요약하기는 영작을 잘하기 위해 거치는 연습 단계이지 실제로 영어 작문을 한 것이 아니다. 영작은 '내 문장'을 쓰는 것이다. 그러기 위해서 거쳐야 하는 단계가 바로 리텔링이다. 독해 지문 속 글쓴이의 생각을 이해하고 자신의 관점을 담아 자기 문장으로 바꿔 쓰는 연습은 매우 중요하다.

다음 순서로 차근차근 리텔링 연습을 해보자.

1 요약하기 단계 문장에서 주요 단어에 밑줄을 긋는다.
2 유의어 사전을 사용해 밑줄 친 주요 단어의 유의어를 찾는다.
3 원문의 주요 단어를 2에서 찾은 유의어로 바꾼다.
4 단어를 바꾸면서 문법적으로 불완전해진 문장이 완전해지도록 수정한다.
5 전체 문장에 자신만의 관점을 녹여내 다시 고쳐 쓴다.

참고: Retelling Synonyms

http : //slplessonplans.com/lp1.html

유의어 사전을 활용해 전체 문장 고쳐 쓰기를 연습하다 보면 '내 문장' 쓰기라는 목표에 이르게 된다. 유의어를 찾을 때 유의어 사전에 수록된 정확한 문장으로 이루어진 예문을 큰소리로 읽는 연습을 하는 습관을 들이자. 쓰기 능력 향상에 도움이 된다.

Scholastic Children's Thesaurus Dictionary
Oxford Concise Thesaurus Dictionary 앱
Oxford Learner's Thesaurus Dictionary 앱

영어 쓰기 연습 4. 에세이 쓰기

큰아이는 초등학교 6학년 때 '경기 꿈의학교 청소년 기자단' 활동에 참가했다. 신문 사설 작성법과 기사 쓰기에 대한 수업을 듣고 취재와 인터뷰를 한 후 직접 기사를 썼다. 실제로 지역 신문에 기사가 실리는 경험도 했다. 영어 쓰기를 시작하기 전에 '청소년 기자단' 활동을 하면서 우리말

글쓰기 연습을 충분히 한 경험이 영작할 때 도움이 되었다.

우리말로 자신의 생각을 다듬고 글을 쓰고 발표하는 경험은 매우 중요하다. 영작을 어려워하는 아이라면 우리말 글쓰기 연습을 먼저 해보기를 권한다. 우리말 글쓰기 연습을 통해 '생각 다듬기-글쓰기-발표하기'에 익숙해진 후 영작을 시작해도 늦지 않다. 우리말 글쓰기와 영어 글쓰기는 별개의 영역이 아니다. 우리말 글쓰기를 잘하는 아이가 영어 글쓰기도 잘한다.

영어 지문 리텔링을 연습했다면, 본격적으로 영작 연습을 할 차례다. 영어로 된 모든 글에 해당되진 않지만, 학생이 학교에서 쓰는 에세이나 논문, 직장인이 주로 쓰는 기획서나 보고서 형식의 글은 대부분 두괄식의 직선적인 글이다. 문단의 첫 문장에서 논지를 밝히고, 다음 문장들을 첫 문장에서 밝힌 논지의 근거가 되는 문장들로 구성하고, 마지막 문장에서 다시 한번 논지를 강조하는 방식의 글쓰기가 일반적이다.

영어 쓰기 연습 5. 교재 활용하기

직선적인 글쓰기를 연습하기 위해 우리 집에서 선택한 교재는 〈Longman Academic Writing Series〉이다. 이 시리즈는 총 5권으로 '문장에서 문단, 문단 쓰기, 문단에서 에세이, 에세이 쓰기, 에세이에서 논문 쓰기'로 영작을 연습하면서 점진적으로 글의 분량을 확장해나갈 수 있도록 구성돼 있다.

Longman Academic Writing Series 1~5

Level 1 Sentences to Paragraphs
Level 2 Paragraphs
Level 3 Paragraphs to Essays
Level 4 Essays
Level 5 Essays to Research Papers

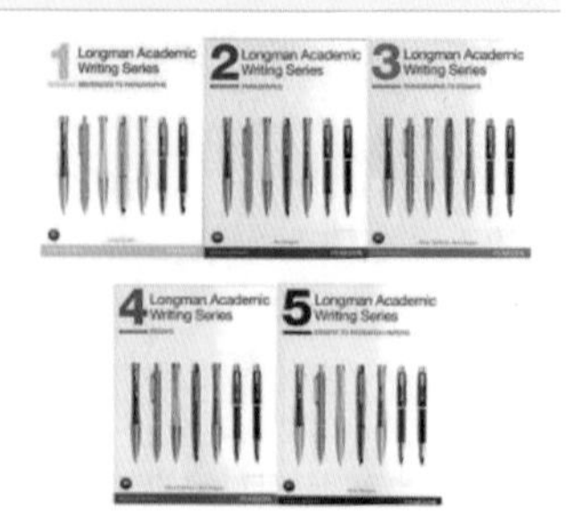

〈Longman Academic Writing Series〉 1~5 시리즈를 따라가면 문장에서 시작해 논문에 이르기까지 다양한 글쓰기를 연습할 수 있고, 문법이 글쓰기에서 어떻게 활용되는지 구체적으로 학습할 수 있다. 모델로 삼을 만한 탄탄한 구조의 지문이 수록돼 있어 좋다.

수민이가 초등학교 2학년 때 영어로 쓴 글 - 9세

큰아이가 처음 영어로 쓴 글은 초등학교 2학년 크리스마스를 앞두고 산타 할아버지께 쓴 편지글이다. 크리스마스 관련 영어 그림책 여러 권을 펼쳐 놓고 참조하면서 썼다. 산타클로스의 'Claus'와 크리스마스 'Christmas'가 파닉스 규칙에 맞지 않아 아이는 한참을 헷갈려하며 베껴 썼다. survival kit이나 LifeStraw는 인터넷을 검색해서 썼다.

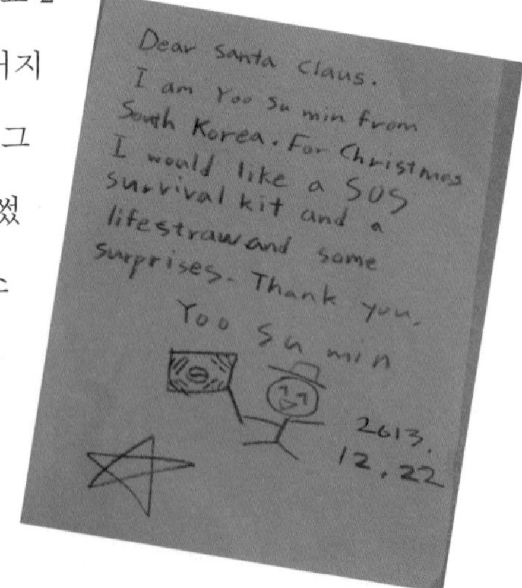

Dear Santa Claus.
I am Yoo Su min from South Korea. For Christmas I would like a SOS survival kit and a lifestraw and some surprises. Thank you.
Yoo Su min
2013. 12, 22

이때 큰아이는 영작을 했다기보다 영어책과 영어 사전에서 필요한 단어와 문장을 베끼는 방식으로 영어 쓰기를 시작했다.

수민이가 초등학교 5학년 때 영어로 쓴 글 – 12세

초등학교 5학년 학교 영어 수업 시간에 쓴 영어 글쓰기다.(사진 참고) 선생님께서 미리 주신 단어를 모두 활용해 정해진 시간 안에 한 편의 이야기를 만들어낸 결과물이다. 짧은 시간에 아이는 모험을 하며 현실과 환상 세계를 오가는 이야기를 완성했다. 이야기의 흐름이 흥미진진하다. 하지만 주어와 서술어가 일치하지 않고 과거 시제와 미래 시제를 혼용하는 등 문법에 맞지 않는 문장이 자주 눈에 띈다.

이 시기 큰아이는 짧은 시간 동안 자신의 생각을 영어 문장으로 술술 쓸 수 있었지만 문법적으로 비문을 쓰는 빈도가 높았다.

Yesterday I was brushing my teeth admiring a
wonderful breakfast I will have. But I was
discouraged when I sat on the chair and saw
my breakfast. It was just a toast and a kettle
on the table. My mother and my sister was out
for work and academies. I didn't have any academies
for that day. And I've done my homework the day
before yesterday. So I thought I will have an
adventure today. I kicked the door out and I ran
out the house with a lamp. I climbed the fence
with a rope. There was a butterfly tree. I looked
inside the window. Oh no! I didn't turned off the
light! I just ran in the house and turned off the
light. I was too thirsty so I had a cup of water.
I looked in the mirror and I picked a book of the [illegible]

수민이가 중학교 1학년 때 영어로 쓴 글 – 14세

중학교 1학년 수행평가 과제로 제출한 에세이다. 컴퓨터로 작성했고 제목과 날짜, 이름을 정확한 위치에 잘 표기했다. 첫 문단에서 간계밥의 정의를 설명했고, 두 번째 문단에서 간계밥에 얽힌 자신의 이야기를 풀어냈으며, 세 번째 문단에서 간계밥 레시피를 선보였다. 소개하려는 음식의 정의와 음식과 관련된 추억담, 음식의 레시피까지 일목요연하게 논리적으로 표현했다.

Yoo Sumin
June 28, 2018

Gangyebap

Hello, everyone. My name is Yoo Sumin. Today, I will introduce you the food called Gangyebap. Gan from Gangyebap is Ganjang which means soy sauce. Gye from Gangyebap is Gyeran which means eggs. Bap from Gangyebap is rice. So Gangyebap is steamed rice with a fried egg and some soy sauce.

I ate Gangyebap for breakfast since I was 8 years old. At that time, my mom made Gangyebap for me every day, because she was very busy and didn't have much time to cook. At first, I was sick of eating Gangyebap. But later it became my favorite breakfast menu. Now I made Gangyebap by myself for me and my younger sister. She says I am better than my mom at making Gangyebap. I am very proud.

Let me show you how to make Gangyebap. First, heat up the frying pan with some oil. Next, fry an egg. If you want, you can add more eggs. I recommend frying it over easy. Then serve rice and cover it with the egg. Pour a spoonful of soy sauce. Finally, Gangyebap is ready. Mix it well before you eat. Enjoy the super-duper world tasty food, Gangyebap!

'10단계 : 쓰기-영어 쓰기 연습'을 꾸준히 연습했기에 논리적인 글쓰기를 잘하게 되었고, 영어로 된 좋은 문학 작품을 꾸준히 읽었기에 창의적인 글쓰기도 잘하게 되었다. 또한 초등학교 6학년 때 '8단계 : 문법-문법책 한 권 떼기'를 충실히 한 결과로 비문의 비율이 현저히 줄어들었다.

수민 생각

중학교 1학년 어느 봄날, 영어 수업 시간에 선생님께서 우리 반 아이들을 모두 학교 밖 공원으로 데리고 가 자연을 주제로 영시 한 편을 쓰라고 하셨다. 갑작스러운 수행평가 과제에 놀라 어떻게 써야 할지 막막했다. 일단 공원 풍경을 쭉 둘러보았다. 나무와 풀, 꽃과 잠자리 등 많은 것이 눈에 띄었지만, 내 눈길을 끈 건 내 발밑의 흙이었다. 모든 생물을 떠받쳐주는 흙을 주제로 시를 지어보았다.

일단 주제를 정하고 나니 큰 어려움 없이 영시를 쓸 수 있었다. 청소년 기자단 활동을 하면서 우리말 글쓰기를 연습하고 영문법, 요약하기, 에세이 쓰기 등을 평소에 꾸준히 연습했기 때문이다. 그때 영시를 써내지 못한 친구들을 보니 내가 연습한 방법들을 알려주고 싶었다. 중학생이라도 늦지 않았다고 말해주고 싶었다. 친구들이 지금이라도 이 책에서 소개하는 단계를 차근차근 따라 해본다면 영어를 좋아하게 되고 잘하게 될 것이다.

디딤돌 4단계

엄마표 영어의 종착이자 아이표 영어의 시작, 영자 신문 구독

영자 신문 구독은 엄마표 영어의 종착점이자 아이표 영어의 출발점이다. 우리는 큰아이 중학교 2학년 때 영자 신문 구독을 시작했다.

모국어 우선 원칙에 따라 영자 신문 또한 우리말 신문과 함께 읽었다. 먼저 신문 전체 헤드라인을 훑어본다. 관심을 끄는 기사를 스크랩한다. 하루에 한 건 '나의 베스트 기사'를 선정하고 자투리 시간을 활용해 여러 번 반복해서 읽는다. 하루에 한 건 자신이 고른 기사는 어휘, 독해, 요약하기, 리텔링, 토론 등을 할 수 있는 종합적인 교재 역할을 한다. 매일 한 건이 부담스럽다면 일주일에 두 건 또는 세 건의 기사로 양을 줄이자. 영자 신문 읽기의 경우 단시간에 많은 양의 기사를 읽는 것보다 양이 적더라도 오랜 시간 꾸준히 읽는 것이 중요하다. 자신에게 맞는 분량을 정하고 지속적으로 실천하자.

● BBC News

영자 신문 읽기와 함께 뉴스 듣기를 병행한다. 스마트폰에 BBC News

앱을 설치하고 등하교 시간에 뉴스 영상을 본다. 상단 Video 메뉴 메인의 'One-minute World News'는 최신 국제 뉴스를 1분 동안 요약해서 보여준다. 앱 알람을 설정해 스마트폰 배경 화면에 최근 기사가 실시간 업데이트되도록 세팅해놓으면 관심 기사를 놓치지 않고 챙길 수 있다.

BBC learning English

www.bbc.co.uk/learningenglish

Part 1_BBC learning English

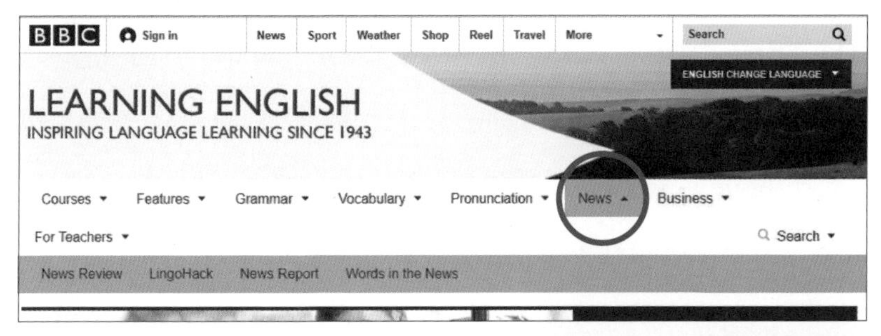

우리말 신문 읽기가 선행되지 않았거나 어휘력이 부족해 영어 뉴스 듣기에 어려움을 느낀다면, BBC learning English 사이트를 활용하기를 권한다. BBC learning English 상단 News 메뉴를 클릭한 후 'Words in the News'로 들어가면, 2~3분 분량의 짧고 쉬운 뉴스를 들을 수 있다. 진행자가 새로운 단어를 짚어준 뒤 자막 없이 한 번, 자막을 보여주면서 한 번, 이렇게 같은 기사를 두 번 연이어 들려준다. 'Words in the News'에서 뉴스 듣기를 충분히 연습한 후, 다시 BBC News 앱에서 'One-minute World News' 듣기를 시작하면 된다.

BBC learning English 사이트에서 제공하는 '6 Minute English'와 'The English We Speak'는 매우 유용하다.(Vocabulary 메뉴를 클릭하면 볼 수 있다.) '6 Minute English'에서는 매주 한 가지 주제, 예를 들어 'Smartphone addiction(스마트폰 중독)'에 대해 6분간 심도 있게 다룬다. 매주 챙겨 들으면 다양한 주제로 상식을 넓힐 수 있다. 'The English We Speak'는 최신 영어 표현과 현지인이 실생활에서 사용하는 대화 속 표현을 다룬다. BBC learning English 사이트의 'Words in the News', '6 Minute English'와 'The English We Speak'는 오디오 파일과 스크립트를 다운로드받을 수 있어 반복 학습이 가능하다. 팟캐스트로도 들을 수 있다.

● CNN Student News

BBC News와 BBC learning English의 모든 콘텐츠는 영국식 발음으로 제공되므로 미국식 발음에 익숙하다면 CNN Student News를 함께 들으면 좋다. CNN Student News는 국제 주요 이슈를 10분 분량으로 정리해서 제공한다. 전 세계 중고등학생들의 영어 학습을 목적으로 제작했기 때문에 어휘가 어렵지 않고, 쉬운 문장으로 설명하며, 다양한 영상 자료를 보여준다는 장점이 있다. CNN Student News 앱은 뉴스마다 Download, Watch, Listen, Transcript, Summary 등 5가지 메뉴를 제공하고 있어 매우 유용하다.

중고등학생 때 읽은 신문 기사는 차곡차곡 쌓여 식견과 견해를 가진 고유한 존재로서 '나'를 형성한다. 전 세계 각국의 어떤 사람을 만나도 소통이 가능하고 대화 거리가 풍부한 사람이 되는 밑바탕이 된다.

뉴스 앱 추천

- BBC News 앱
- BBC Learning English 앱
- CNN Student News 앱

● Part 2에서 소개하는 16차시 수업은 '따뜻한 나눔이 함께하는 Hungry for English(교육 기회 불평등 해소를 위한 방과 후 거점 학교 영어 수업 운영)'라는 이름으로 경기도 파주시 4개 초등학교에서 운영하고 그해 경기도교육감상 최우수상을 받은 프로그램을 가정에서 따라하기 쉽게 정리한 것입니다.

● 아이에게 무리가 되지 않도록 한 번에 알파벳 3~4개씩 익힐 수 있도록 1회당 30분 수업을 기본으로 하여 총 16회로 구성했습니다. 일주일에 2회씩 2개월 동안 진행해보고, 아이가 영어에 흥미를 보이고 어느 정도 자신감을 보이면 이 책의 3단계 파닉스 2와 4단계 회화 교재 3으로 이어가면 됩니다. 영어 영상물 보여주기와 함께 진행하세요. 아이가 받아들이는 속도가 빠르면 1주일에 3회를 지도해도 괜찮습니다.

● 처음부터 영어로 수업하기가 어렵다면 우리말로 수업을 하면서 그날의 표현이나 알파벳 등만 익혀도 됩니다. 각 가정의 상황, 자녀의 수준이나 흥미도에 따라 적절하게 응용하시기 바랍니다.

Part 2.

온 가족이 함께하는 16차시 영어 수업

: Part 2에서 활용하기 좋은 Reading 교재 :

16차시의 수업은 매번 '아이들과 함께 노래로 시작 → 파닉스 → 회화 표현 → Listening → Reading'을 반복하는 구조로 되어 있다. Reading 교재는 〈Now I'm Reading〉 시리즈를 기본으로 사용했다. 아래 표에서 Reading 교재를 더 소개하고 있으니 비교해보고 아이가 원하는 교재를 선택해서 활용하면 된다.

나우 아임 리딩 (Now I'm Reading, NIR) 시리즈	이 책의 16차시에서 활용한 교재이다. 〈Level 1〉과 〈Level 2〉는 라임이 딱 맞아떨어지는 단어를 활용한 간단한 문장으로 구성되어 있어 부담없이 접근할 수 있다. 파닉스 리더스로 활용하기 가장 좋은 책이다. 하지만 현재는 홈쇼핑에서 패키지로 팔고 있어 안타깝다. • **2~9차시** 알파벳 개별 음소 → Now I'm Reading 〈All About ABCs〉 • **10~12차시** 단모음 → Now I'm Reading 〈Level1〉 • **13~15차시** 장모음 → Now I'm Reading 〈Level2〉
스콜라스틱 - 밥북스 (Bob Books) 시리즈	한 세트당 여러 권의 책으로 구성되어 있다. 알파벳과 단모음의 기본 발음을 익히고 장모음, 이중모음, 이중자음도 익힐 수 있도록 단계별로 구성되어 있다. 〈나우 아임 리딩〉시리즈 대신 밥북스를 활용하는 것도 추천한다. • My First Bob Books : Alphabet • Bob Books Set1 : Beginning Readers • Bob Books Set2 : Advancing Beginners • Bob Books Set3 : Word Families • Bob Books Set4 : Compound Words • Bob Books Set5 : Long Vowels
스콜라스틱 - 스콜라스틱 파닉스 리더스 (Scholastic Phonics Readers) : Level A~F	스콜라스틱의 파닉스 리더스이다. 온라인 서점이나 영어 전문 서점에서 쉽게 구할 수 있다.

스콜라스틱 - Clifford's Phonics Fun Box Set 1~6	스콜라스틱의 파닉스 리더스 세트. 각 세트별로 쉽게 구할 수 있다.
옥스포드 리딩 트리(ORT) - Floppy's Phonics 시리즈	옥스포드 리딩트리 파닉스 리더스 역시 좋은 교재다.
하퍼콜린스 - I Can Read 파닉스	하퍼콜린스의 'I Can Read' 파닉스 시리즈로, 온라인 서점이나 영어 전문 서점에서 쉽게 구할 수 있다. 책 앞에 short a, long u가 표기되어 있어 단모음 장모음을 활용하기 좋다. 또한 캐릭터별로 시리즈가 따로 있어 아이의 취향대로 고를 수 있다. • Biscuit Phonics Fun • Pete the Cat Phonics Box • Fancy Nancy's Fantastic Phonics • Little Critter Phonics Fun • The Berenstain Bears Phonics Fun • Superman Classic Phonics Fun

좋은 교재를 추천할 수는 있으나 외서이다 보니 유통과 판매에서 변수가 많은 편이다. 작년까지 국내에서 판매하던 책이 올해부터 판매가 중단되기도 한다. 그때그때의 상황에 맞춰 시중에서 쉽게 구할 수 있는 도서 중 아이의 수준에 맞는 책을 구입해서 공부해나가면 좋을 것 같다.

: Part 2에서 활용하는 교구 만들기 :

피카부 커튼

준비물 : 마분지 또는 두꺼운 종이, 칼

1 마분지를 문자 카드 크기대로 자른다.

2 적당한 간격을 두고 세로 선을 긋거나 도형을 그린다.

3 자른 부분을 접을 수 있도록 한쪽 면을 남겨두고 칼로 자른다.

피카부 커튼 종류

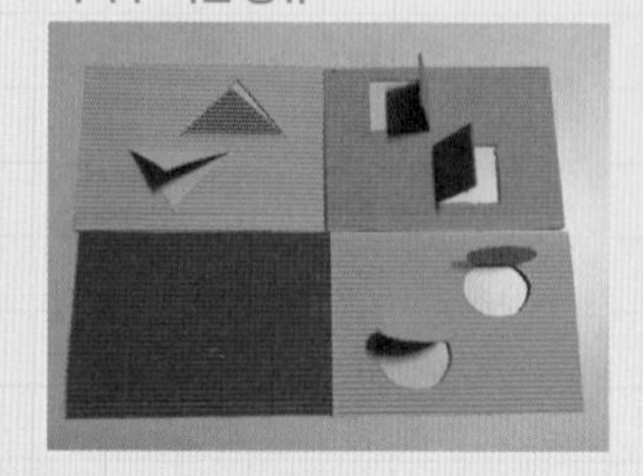

피카부 커튼 활용

CVC 카드 VCe 카드 만들기

준비물 : 도화지, 마분지 또는 두꺼운 종이, 매직 빨간색, 검은색, 고리, 펀치

1 도화지를 적당한 크기로 자른다.

2 매직으로 알파벳을 쓴다. 모음은 빨간색, 자음은 검은색으로 구분한다.

3 도화지와 마분지 위에 적당한 간격으로 구멍을 뚫는다.

4 고리를 걸고 사용한다.

★CVC카드 : C(자음)-V(모음)-C(자음) 패턴 이해를 돕는 카드

★VCE카드 : 장모음의 V(모음)-C(자음)-super e 패턴 이해를 돕는 용도

VC 카드로 활용한 경우(모음 - 자음)

CVC 카드로 활용한 경우(자음 - 모음 - 자음)

VCe 카드로 활용한 경우(모음 - 자음 - super e)

CVCe 카드로 활용한 경우(자음 - 모음 - 자음 - super e)

* 참조 : 〈Creative Resources for the Early Childhood Classroom〉
(저자 Judy Herr, Yvonne Libby Larson, 출판사 Delmar Thomson Learning)

Lesson 01 Why English?

목표

■ 영어를 잘하면 좋은 점을 이야기해본다.
■ 16차시 프로그램 개요를 설명한다.
■ 수업 규칙을 정한다.

준비물

□ 집중할 수 있는 시간 단 30분
□ 지구본 또는 세계지도
□ 쫑긋 세운 두 귀
□ 반짝반짝 빛나는 두 눈
□ 영어에 대한 호기심

순서

● **Why English?** : 영어를 공부하는 이유에 대해 아이와 이야기 나누기
● **파닉스와 회화** : 16차시 동안 배울 Phonics & Conversation 소개
● **Rules** : 수업 시간에 필요한 규칙 6가지 소개
● **노래 부르기** : 매주 수업 시작 전 부를 노래 'Love Grows One by One' 소개, 함께 불러보기

앞으로 하루 30분씩 엄마랑 영어를 만나는 시간을 가질 거야.

왜 영어를 배워야 하는지부터 생각해볼까?

Why English? 우리는 왜 영어를 배워야 할까?

한국인이 국어만 잘하면 되지, 왜 영어까지 잘해야 할까?

전 세계 사람들이 한국어를 사용한다면 우리가 영어를 배울 필요가 없겠지. 하지만 지구상에 많은 나라가 있고 그 사람들이 사용하는 언어 또한 수없이 많아. 서로 다른 언어를 사용하는 사람들이 만나면 어떻게 의사소통을 해야 할까?

우리가 영어를 배우는 목적은 4가지로 설명할 수 있어.

- To Communicate Well
- To Get More Information
- To Enjoy More
- To Get Around the World

첫 번째, To Communicate Well

의사소통을 잘하기 위해.

★★ 지구본이나 세계지도를 펼쳐 보이며

지구에 있는 나라는 230개가 넘는데, 그중 115개국에서 영어를 사용해. 영어를 배우면 전 세계 절반의 나라 사람들과 소통할 수 있게 되는 거지.

두 번째, To Get More Information

더 많은 정보를 얻기 위해.

영어가 세계에서 공통으로 사용하는 언어 중 하나이기 때문에 국제 외교뿐만 아니라 스포츠, 엔터테인먼트, 의료, 과학에 이르기까지 전 세계 모든 분야에서 영어를 사용하고 있어. 특히 인터넷 콘텐츠의 65~80%가 영어로 되어 있어 영어를 알면 더 많은 정보를 손쉽게 얻을 수 있지.

세 번째, To Enjoy More

더 즐기기 위해.

★★ 지구본이나 세계지도를 펼쳐 보이며

영어를 잘하면 세계 여행을 할 때 도움이 되고, 전 세계 많은 사람과 친구가 될 수 있어. 외국 영화를 볼 때 자막을 보지 않아도 되니까 편리하지.

네 번째, To Get Around the World

세계를 누비기 위해.

영어를 잘하면 전 세계를 무대로 공부와 일을 할 수 있어. 엄마는 미국과 중국에서 컴퓨터 프로그래머로 일한 적이 있어. 영어를 좋아해서 틈틈이 공부했더니 외국인과 일할 때 큰 도움이 됐지. 외국에서 일했던 경험은 엄마 삶에서 잊지 못할 좋은 기억으로 남아 있어. 수민이와 수린이가 전 세계를 누비는 삶을 살게 되길 바라는 마음을 담아 영어를 알려주어야겠다고 다짐했단다.

★★ 각 가정의 상황에 따라 응용한다.

영어를 공부하면 좋은 점은 이 4가지야. 이 외에도 영어를 공부하면 좋은 점, 왜 영어를 공부하는지 수민이, 수린이가 생각해볼까?

★★ 영어를 공부하는 이유, 공부하면 좋은 점에 대해 자녀와 조금 더 이야기 나누기.

Phonics & Conversation 파닉스와 회화

자, 이제 왜 영어 공부를 해야 하는지 알게 됐지?

그럼, 영어 공부를 시작해볼까?

첫 시간인 오늘, 영어의 기본인 파닉스와 회화를 왜 배워야 하는지부터 알아볼 거야.

먼저 파닉스.

파닉스란 알파벳 철자의 모양과 소리의 관계를 익히는 공부법이야. 학교에서 국어 시간에 자음과 모음이 어떤 소리를 내는지 배운 적 있지? 그 원리와 같아. 한글을 익혔다면 파닉스를 쉽게 배울 수 있어. 파닉스를 시작하기 전에, 왜 파닉스를 배워야 하는지부터 생각해보자.

Why Phonics? 왜 파닉스를 배워야 할까?

파닉스를 배워야 하는 이유는 다음 3가지로 정리할 수 있어.

1. You can read. 읽을 수 있다.
2. You can get more words. 단어를 잘 외울 수 있다.
3. You can study English easier. 영어를 더욱 쉽게 공부할 수 있다.

파닉스를 배우고 나면 영어가 좀 더 쉬워질 거야. 네가 보고 싶은 책이나 만화를 봐도 아는 단어가 더 많이 들어와서 훨씬 재미나겠지.

English Conversation 영어 회화

앞으로 하루 30분 영어 공부 시간에는 영어로 대화하는 연습을 할 거야. 먼저 간단한 인사를 연습한 후 질문하기와 대답하기를 연습할 거야. 한 단어, 두 단어 문장으로 시작해서 점점 단어 수를 늘려나가자.

입만 벙긋해도 영어 말하기의 절반은 시작한 셈이야. 쉬운 단어로 짧게 말하는 것부터 시작해서 매일 30분간 꾸준히 연습하면 돼.

회화를 할 때는 다음 3가지를 기억하자.

1 Don't be shy. 부끄러워하지 말자.
2 Step by step from begging level 쉬운 것부터 차근차근.
3 30 minute practice a day 하루에 30분씩 매일.

앞으로 우리는 16차시 동안 영어 글자와 소리를 알고 간단한 회화를 해볼 거야.

Phonics
- Single Letter Sounds 알파벳 음소
- Short Vowel Sounds 단모음 음소
- Long Vowel Sounds 장모음 음소
- Phonics Readers 파닉스 리더스북

English Conversation
- Beginner Level English Conversation 초급 영어 회화

Fun Video Files(재미있는 동영상), Fun Games(재미있는 게임), Fun Songs(재미있는 노래).

이 3가지랑 같이 하다 보면 어느새 글자와 소리도 익히고 간단한 회화도 할 수 있겠지.

Rules 규칙

엄마와 함께하는 영어 공부 시간에 다음 규칙을 지켜주었으면 좋겠어.

1 Be quiet. 조용히 합니다.
2 Watch mom. 엄마를 쳐다봅니다.
3 Listen carefully. 주의 깊게 듣습니다.
4 Raise your hand. 질문할 때 손을 듭니다.
5 Be good. 바른 자세를 취합니다.
6 No cell phone during class. 휴대 전화를 사용하지 않습니다.

수업 시작을 알리는 노래 : Love Grows One by One

'Love Grows One by One'은 수업 시작을 알리는 노래야.

엄마랑 수업을 할 때는 항상 이 노래를 함께 부르고 시작하려고 해.

노래를 먼저 들려줄게.

영상 보기 : Love Grows One by One

part2_openingsong

가사를 살펴볼까?

Love grows one by one,	사랑이 자라네 하나씩 하나씩
two by two, and four by four.	하나가 둘이 되고 둘이 넷이 되네.
Love grows round like a circle	사랑이 자라네 원처럼 돌고
and comes back knocking at your front door.	돌아와 너의 집 문을 두드린다네.

노래에 맞는 율동을 같이 해보자.

영상 보기 : Love Grows One by One 율동 영문 설명

Part2_Opening Song Lyrics&Movements

영상 보기 : Love Grows One by One 율동

Part2_Opening Song Movements

Line One : Love grows

Make a heart shape with hands.
Make the heart bigger with your fingers.

첫 번째 줄 : 사랑이 자라네
양손으로 하트 모양을 만들어.
손가락으로 하트를 크게 만들어.

one by one:

Hold out your index finger on left hand, and then yours on right hand.

하나씩 하나씩 :
왼손 검지를 먼저 세우고 오른손 검지를 이어서 세워.

Line Two : two by two

: Hold out two fingers on left hand, and then yours on right hand.

두 번째 줄 : 하나가 둘이 되고
: 왼손 두 손가락을 먼저 세우고 오른손 두 손가락을 이어서 세워줘.

four by four :

Hold out four fingers on left hand, and then yours on right hand.

둘이 넷이 되네 :
왼손 네 손가락을 먼저 세우고 오른손 네 손가락을 이어서 세워.

Line Three : Love grows

: Make a heart shape with hands.
Make the heart bigger with your fingers.

세 번째 줄 : 사랑이 자라네 :
양손으로 하트 모양을 만들어.
손가락으로 하트를 크게 만들어.

Round like a circle

: Draw a big circle two times with your index finger on right hand.

원처럼 돌고 :
오른손 검지로 큰 원을 그려.
두 번 반복해주면 돼.

Line Four : And comes back

: Step slowly.

네 번째 줄 : 돌아와 :
천천히 걸어.

Knocking at your front door

: Knock gently with your fist at your chest and draw the front door with your index fingers.

너의 집 문을 두드린다네 :
한 손으로 주먹을 쥐고 가슴 부근에서 부드럽게 두드리고,
두 검지손가락으로 문을 그리면 돼.

오늘은 영어를 배우면 좋은 점에 대해 이야기했고, 수업 시작할 때마다 부를 노래를 배워봤어.

다음 시간부터는 즐겁게 영어 여행을 떠나자. 안녕.

Lesson 02 Single Letter Sounds a, b, c와 How 의문문

목표

- 알파벳 a, b, c의 음소를 인식하고 듣고 읽을 수 있다.
- 의문사 how를 사용해 간단한 질의응답을 할 수 있다.

준비물

- □ 집중할 수 있는 시간 단 30분
- □ 알파벳 카드, 단어 그림 카드, 표정 그림 카드, 날씨 그림 카드, 피카부 커튼, 동영상, 파닉스 리더스북
  - 알파벳 카드, 단어 그림 카드, 표정 그림 카드, 날씨 그림 카드는 아래에서 다운받아 활용하세요. 한빛라이프 홈페이지 www.hanbit.co.kr/life→자료실
  - 피카부 커튼 만드는 방법은 168쪽을 참고하세요.

순서

Warming up(2분) : Love Grows One by One 노래 부르기

Opening(8분) :

Today's Letters : Aa, Bb, Cc

Today's Conversation Expressions :

-How are you?(기분을 묻는 표현)

-How's the weather?(날씨를 묻는 표현)

Body(15분) :

Today's Key Vocabularies:

apple / ant / astronaut, book / bus / ball, cat / cow / computer

Listening : 동영상을 활용해 letter-sound 반복 청취

Reading : Pre K 레벨의 쉬운 리더스북 읽기, 아이 스스로 today's letters를 찾는 시간을 갖는다.

-〈Now I'm Reading〉 시리즈 'All about the ABCs' A, B, C 활용

Closing(5분)

Review today's letter sounds and conversation expressions

수업 시간은 권장안입니다. 아이와 상황에 맞춰 조정하세요.

Hello. How are you today?	안녕, 오늘 기분이 어떠니?
I'm fine.	좋아요.
Good. Let me begin.	좋아 . 시작하자.

Warming up

Let's sing and dance.	노래하며 춤추자.

★★ 'Love Grows One by One' 노래와 율동으로 수업 시작을 알린다.

Opening

Today's Letters : Aa, Bb, Cc

Let's learn today's letters.	오늘의 알파벳을 배우자.

★★ 알파벳 카드를 보여주며

What letter is it?	이게 뭘까?
Aa.	Aa예요.
That's right. It is Aa.	맞아. 이건 Aa야.
What letter is it?	이게 뭘까?
Bb.	Bb예요.
That's right. It is Bb.	맞아. 이건 Bb야.
What letter is it?	이게 뭘까?
Cc.	Cc예요.

That's right. It is Cc.

맞아. 이건 Cc야.

Lesson 02

Today's Conversation Expressions

오늘의 회화 표현을 배우자.

The first expression is **"How are you?"**

첫 번째 표현은 "How are you?"야.

Listen to this hello song.

hello song을 들어보자.

★ 영상 보기 : Hello Song

Part2_Lesson2_Hello Song

What do you hear from this song?

노래에서 무얼 들었니?

Happy, sad, angry, tired, and wonderful

Great! Very good job!

좋아! 아주 잘했어!

The second expression is **"How's the weather?"**

다음 표현은 "How's the weather?"야.

Listen to this video.

동영상을 보자.

★ 영상 보기 : How's the weather?

Part2_Lesson2_How's the weather?

What do you hear from this video?

동영상에서 무얼 들었니?

Snowy, cloudy, rainy, sunny, and windy.

Great! Very good job! 좋아! 아주 잘했어!

Body

Do you remember today's letters? 오늘의 알파벳 기억나?

Yes. 예.

Good. I'm going to show you again. 좋아. 다시 보여줄게.

Peekaboo means 까꿍 in Korean. 피카부는 우리말로 '까꿍'이야.

Let's play peekaboo! 피카부 게임(까꿍 놀이)을 하자!

Today's Letters:
Aa, Bb, and Cc

★★ 피카부 커튼과 알파벳 카드를 사용해 첫소리가 같은 단어를 제시한다.

1 Peekaboo, peekaboo, Peek-A-Boo!
What's this?

피카부, 피카부, 피카~~~부!
이게 뭘까?

If you know the answer, raise your hand and say, "I know!"

답을 알면 손을 들고 "I know!" 라고 말하면 돼.

★★ 커튼을 한 장씩 걷으면서 알파벳 카드에 어떤 활자가 쓰여 있는지 추측하게 만든다.

Aa. Aa예요.

That's right. Very good! 맞아. 아주 잘했어.

★★ 알파벳 카드를 보여주며

2 Look at this! 이걸 봐.

A is a big letter. a is a small letter.
a makes a sound /a/.

A는 대문자, a는 소문자.
/a/ 소리가 나.

Let's say together /a/, /a/, /a/.

함께 말해보자.

★★ Bb, Cc 알파벳 카드를 사용해 1~2번 순서대로 반복한다.

Today's Key Vocabularies:
apple / ant / astronaut
book / bus / ball
cat / cow / computer

★★ 피카부 커튼과 그림 카드를 사용해 첫소리가 같은 단어를 함께 제시한다.

3 Peekaboo, peekaboo, Peek-A-Boo!
What's this?

피카부, 피카부, 피카~~~부!
이건 뭘까?

If you know the answer, raise your hand and say, "I know!"

답을 알면 손을 들고 "I know!" 라고 말하렴.

★★ 커튼을 한 장씩 걷으면서 어떤 그림이 있는지 추측하게 만든다.

Apple.

Apple이에요.

That's right. Very good!

맞아. 아주 잘했어.

★★ 그림 카드를 보여주며

4 This is an apple. /a/, /a/, apple, /a/, /a/, apple.

★★ 알파벳 카드를 보여주며

Look at this!

이걸 봐.

A is a big letter. a is a small letter.
a makes a sound /a/.

A는 대문자, a는 소문자.
/a/ 소리가 나.

Let's say together /a/, /a/, apple, /a/, /a/, apple.

함께 말해보자.

★★ 그림 카드를 사용해 오늘의 단어를 3~4번 순서대로 반복한다.

Listening

★★ 동영상을 활용한 letter-sound 반복 청취를 통해 음소 인식을 유도한다.

Watch these video files.

다음 동영상을 보렴.

★★ 알파벳 a, b, c를 쓰는 법과 해당 알파벳으로 이루어진 단어를 알 수 있다. 아이들이 기억하기를 바라기보다는 쓰는 법을 영어로 설명하는 것을 본다는 마음으로 편안하게 함께 시청하자.

★ 영상 보기 : Letter A, a

Part2_Lesson2_LetterA

★ 영상 보기 : Letter B, b

Part2_Lesson2_LetterB

★ 영상 보기 : Letter C, c

Part2_Lesson2_LetterC

Reading

★★ Pre K 레벨의 리더스북을 읽으면서 아이 스스로 today's letters를 찾는 시간을 갖는다.
★★ 교재 : 〈Now I'm Reading〉 시리즈 'All about the ABCs' A, B, C활용

★★ 책 표지를 보여주며

Look at the cover.

표지를 봐.

What do you see?

뭐가 보이니?

A

A예요.

Good job!

잘했어!

★★ 책을 펼치며

1 I'm going to read this book.

이 책을 읽어줄게.

Listen carefully.

잘 들어봐.

★★ 책 전체를 읽어준다.

★★ 다시 책 첫 페이지를 펼치며

2 When I point to a word, let's read it together.

단어를 가리키면, 그 단어를 같이 읽어보자.

★★ a로 시작하는 단어를 먼저 읽고, 아이가 따라 읽을 수 있도록 유도한다.

★★ 다시 책 첫 페이지를 펼치며

3 When you see the word that starts with letter 'a', read it.

a로 시작하는 단어를 보면, 그 단어를 읽어봐.

★★ 다시 책 첫 페이지를 펼치며

4 If you find the letter 'a', circle the word.

a를 찾으면 동그라미 하렴.

★★ B, C 1~4를 반복한다.
★★ NIR 시리즈가 아닌 다른 책을 읽을 경우, 같은 책에서 B, C 2~4를 반복한다.

Closing

Review today's letter sounds

Let's sing today's alpbabet chant.

오늘의 알파벳 챈트를 불러보자.

★★ 그림 카드를 보여주며

a makes a sound /a/, /a/, apple, /a/, /a/, apple.
a makes a sound /a/, /a/, ant, /a/, /a/, ant.
a makes a sound /a/, /a/, astronaut, /a/, /a/, astronaut.
b makes a sound /b/, /b/, book, /b/, /b/, book.
b makes a sound /b/, /b/, bus, /b/, /b/, bus.
b makes a sound /b/, /b/, ball, /b/, /b/, ball.
c makes a sound /k/, /k/, cat, /k/, /k/, cat.
c makes a sound /k/, /k/, cow, /k/, /k/, cow.
c makes a sound /k/, /k/, computer, /k/, /k/, computer.

Practice today's conversation expressions

Look at the picture and answer the question.

그림을 보고 질문에 대답해.

★★ 표정 그림을 보여주며

How are you?

I'm happy.

★★ 표정 그림을 보여주며

How are you?

I'm sad.

★★ 표정 그림을 보여주며

How are you?

I'm angry.

★★ 표정 그림을 보여주며

How are you?

I'm tired.

★★ 표정 그림을 보여주며

How are you?

I'm hungry.

Good job!

잘했어!

Look at the picture and answer the question.

그림을 보고 질문에 대답해.

★★ 날씨 그림을 보여주며

How's the weather today?

It's sunny.

★★ 날씨 그림을 보여주며

How's the weather today?

It's windy.

★★ 날씨 그림을 보여주며

How's the weather today?

It's cloudy.

★★ 날씨 그림을 보여주며

How's the weather today?

It's rainy.

★★ 날씨 그림을 보여주며

How's the weather today?

It's snowy.

See you again next time. 다음 시간에 또 만나자.

Bye. 안녕.

Lesson 03 Single Letter Sounds d, e, f와 인사말

목표

- 알파벳 d, e, f의 음소를 인식하고 듣고 읽을 수 있다.
- 상황에 맞게 인사말을 주고받을 수 있다.

준비물

□ 집중할 수 있는 시간 단 30분

□ 알파벳 카드, 단어 그림 카드, 피카부 커튼, 동영상, 파닉스 리더스북

- 알파벳 카드, 단어 그림 카드는 아래에서 다운받아 활용하세요.
  한빛라이프 홈페이지 www.hanbit.co.kr/life→자료실
- 피카부 커튼 만드는 방법은 168쪽을 참고하세요.

이렇게 공부해요

Warming up(2분) : Love Grows One by One 노래 부르기

Opening(8분) :

Today's Letters : Dd, Ee, Ff

Today's Conversation Expressions

– Greetings(인사말)

Body(15분) :

Today's Key Vocabularies:

dog / doll / dad, egg / elephant / elevator, fish / four / foot

Listening : 동영상을 활용해 letter–sound 반복 청취

Reading : Pre K 레벨의 쉬운 리더스북 읽기, 아이 스스로 today's letters를 찾는 시간을 갖는다.

– 〈Now I'm Reading〉 시리즈 'All about the ABCs' D, E, F 활용

Closing(5분)

Review today's letter sounds and conversation expressions

Hello. How are you today? 안녕, 오늘 기분이 어떠니?

I'm fine. 좋아요.

Good. Let me begin. 좋아. 시작하자.

Warming up

Let's sing and dance. 노래하며 춤추자.

★★ 'Love Grows One by One' 노래와 율동으로 수업 시작을 알린다.

Opening

Today's Letters :
Dd, Ee, Ff

Let's learn today's letters. 오늘의 알파벳을 배우자.

★★ 알파벳 카드를 보여주며

What letter is it? 이게 뭘까?

Dd. Dd예요.

That's right. It is Dd. 맞아. 이건 Dd야.

What letter is it? 이게 뭘까?

Ee. Ee예요.

That's right. It is Ee. 맞아. 이건 Ee야.

What letter is it? 이게 뭘까?

Ff. | Ff예요.

That's right. It is Ff. | 맞아. 이건 Ff야.

Today's Conversation Expressions

Let's learn today's conversation expressions. | 오늘의 표현을 배우자.

★★ 동영상을 보여준다.

The first expression is **"Good morning."** | 첫 번째 표현은 "Good morning."이야.

Listen to this greetings song. | greetings song을 들어보자.

★ 영상 보기 : The Greetings Song

 Part2_Lesson3_The Greetings Song

What do you hear from this song? | 이 노래에서 무얼 들었니?

Good morning. Good afternoon. Good evening. Good night.
Nice to meet you. Good bye. See you.

Great! Very good job! | 좋아! 아주 잘했어!

The second expression is **"Thank you."** | 다음 표현은 "Thank you."야.

Listen to this greetings song. | greetings song을 들어보자.

★ 영상 보기 : Basic Greeting Song

Part2_Lesson3_Basic Greetings Song

What do you hear from this song?
이 노래에서 무얼 들었니?

Hello. Hi. Here you are. Thank you.
You're welcome. I'm sorry. That's okay.
No, thank you. Goodbye. See you.

Great! Very good job!
좋아! 아주 잘했어!

Body

Do you remember today's letters?
오늘의 알파벳 기억나?

Yes.
예.

Good. I'm going to show you again.
좋아. 다시 보여줄게.

Peekaboo means 까꿍 in Korean.
피카부는 우리말로 '까꿍'이야.

Let's play peekaboo!
피카부 게임(까꿍 놀이)을 하자!

Today's Letters:
Dd, Ee, Ff

★★ 피카부 커튼과 알파벳 카드를 사용해 첫소리가 같은 단어를 제시한다.

1 Peekaboo, peekaboo, Peek-A-Boo!
What's this?
피카부, 피카부, 피카~~~부!
이건 뭘까?

If you know the answer, raise your hand and say, "I know!"
답을 알면 손을 들고 "I know!" 라고 말하렴.

★★ 커튼을 한 장씩 걷으면서 어떤 활자가 쓰여 있는지 추측하게 만든다.

Dd. | Dd예요.

That's right. Very good! | 맞아. 아주 잘했어.

★★ 알파벳 카드를 보여주며

2 Look at this! | 잘 봐.

D is a big letter. d is a small letter.
d makes a sound /d/. | D는 대문자, d는 소문자. /d/ 소리가 나.

Let's say together /d/, /d/, /d/. | 함께 말해보자.

★★ Ee, Ff 알파벳 카드를 사용해 1~2번 순서대로 반복한다.

Today's Key Vocabularies:
dog / doll / dad
egg / elephant / elevator
fish / four / foot

★★ 피카부 커튼과 그림 카드를 사용해 첫소리가 같은 단어를 제시한다.

3 Peekaboo, peekaboo, Peek-A-Boo!
What's this? | 피카부, 피카부, 피카~~~부! 이건 뭘까?

If you know the answer, raise your hand and say, "I know!" | 답을 알면 손을 들고 "I know!" 라고 말하렴.

★★ 커튼을 한 장씩 걷으면서 어떤 그림이 있는지 추측하게 만든다.

Dog. | dog이에요.

That's right. Very good! | 맞아. 잘했어!

★★ 그림 카드를 보여주며

4 This is a dog. /d/, /d/, dog, /d/, /d/, dog.

이건 dog이야.

★★ 알파벳 카드를 보여주며

Look at this!

여길 봐.

D is a big letter. d is a small letter.
d makes a sound /d/.

D는 대문자, d는 소문자.
/d/ 소리가 나.

Let's say together /d/, /d/, dog, /d/, /d/, dog.

함께 말해보자.

★★ 그림 카드를 사용해 오늘의 단어를 3~4번 순서대로 반복한다.

Listening

★★ 동영상을 활용한 letter-sound 반복 청취를 통해 음소 인식을 유도한다.

Watch these video files.

이 동영상을 보렴.

★ 영상 보기 : Letter D, d

Part2_Lesson3_LetterD

★ 영상 보기 : Letter E, e

Part2_Lesson3_LetterE

★ 영상 보기 : Letter F, f

Part2_Lesson3_LetterF

Reading

★★ Pre K 레벨의 리더스북을 읽으면서 아이 스스로 today's letters를 찾는 시간을 갖는다.
★★ 교재 : 〈Now I'm Reading〉 시리즈 'All about the ABCs' D, E, F 활용

★★ 책 표지를 보여주며

Look at the cover. 표지를 봐.

What do you see? 뭐가 보이니?

D D예요.

Good job! 잘했어!

★★ 책을 펼치며

1 I'm going to read this book. 이 책을 읽어줄게.

Listen carefully. 잘 들어봐.

★★ 책 전체를 읽어준다.

★★ 다시 책 첫 페이지를 펼치며

2 When I point to a word, let's read it together. 단어를 가리키면, 그 단어를 같이 읽어보자.

★★ d로 시작하는 단어를 먼저 읽고, 아이가 따라 읽을 수 있도록 유도한다.

★★ 다시 책 첫 페이지를 펼치며

3 When you see the word that starts with letter 'd', read it. d로 시작하는 단어를 보면, 그 단어를 읽어봐.

★★ 다시 책 첫 페이지를 펼치며

4 If you find the letter 'd', circle the word. d를 찾으면 동그라미 하렴.

★★ E, F 1~4를 반복한다.
★★ NIR 시리즈가 아닌 다른 책을 읽을 경우, 같은 책에서 E, F 2~4를 반복한다.

Closing

Review today's letter sounds

Let's sing today's alpbabet chant.

오늘의 알파벳 챈트를 불러보자.

★★ 그림 카드를 보여주며

d makes a sound /d/, /d/, dog, /d/, /d/, dog.
d makes a sound /d/, /d/, doll, /d/, /d/, doll.
d makes a sound /d/, /d/, dad, /d/, /d/, dad.
e makes a sound /e/, /e/, egg, /e/, /e/, egg.
e makes a sound /e/, /e/, elephant, /e/, /e/, elephant.
e makes a sound /e/, /e/, elevator, /e/, /e/, elevator.
f makes a sound /f/, /f/, fish, /f/, /f/, fish.
f makes a sound /f/, /f/, four, /f/, /f/, four.
f makes a sound /f/, /f/, foot, /f/, /f/, foot.

Practice today's conversation expressions

In the morning, 아침에는

Good morning.

Good morning.

In the afternoon, 오후에는

Good afternoon.

Good afternoon.

In the evening, 저녁에는

Good evening.

Good evening.

Before you go to bed, 잠자기 전에

Good night.

Good night.

At the first time we met, 처음 만났을 때

Nice to meet you.

Nice to meet you.

When we part,	헤어질 때
Good bye. See you.
Good bye. See you.

When I'm tankful,	고마울 때
Thank you.
You're welcome.

When I'm sorry,	미안할 때
I'm sorry.
That's okay.

See you again next time.	다음 시간에 또 만나자.
Bye.	안녕.

Lesson 04 Single Letter Sounds g, h, i와 Who 의문문

목표

- 알파벳 g, h, i의 음소를 인식하고 듣고 읽을 수 있다.
- 의문사 who를 사용해 간단한 질의응답을 할 수 있다.
- 인칭대명사와 가족 구성원을 지칭하는 단어를 알고 활용할 수 있다.

준비물

- □ 집중할 수 있는 시간 단 30분
- □ 알파벳 카드, 단어 그림 카드, 피카부 커튼, 동영상, 파닉스 리더스북, 가족사진 워크시트
  - 알파벳 카드, 단어 그림 카드는 아래에서 다운받아 활용하세요.
    한빛라이프 홈페이지 www.hanbit.co.kr/life→자료실
  - 피카부 커튼 만드는 방법은 168쪽을 참고하세요.
  - 가족사진 워크시트는 아래에서 다운받아 활용하세요.
    http://www.kizclub.com/Topics/myself/family1.pdf

이렇게 공부해요

Warming up(2분) : Love Grows One by One 노래 부르기

Opening(8분) :

Today's Letters : Gg, Hh, Ii

Today's Conversation Expressions

– Who is he?(의문사 who를 사용한 의문문)

– He is my brother.(가족 구성원을 지칭하는 단어를 사용한 대답)

Body(15분) :

Today's Key Vocabularies:

gorilla / green / glass, hat / hand / horse, igloo / insect / iguana

Listening : 동영상을 활용해 letter–sound 반복 청취

Reading : Pre K 레벨의 쉬운 리더스북 읽기, 아이 스스로 today's letters를 찾는 시간을 갖는다.

– 〈Now I'm Reading〉 시리즈 'All about the ABCs' G, H, I 활용

Closing(5분) : Review today's letter sounds and conversation expressions

Hello. How are you today?	안녕, 오늘 기분이 어떠니?
I'm fine.	좋아요.
Good. Let me begin.	좋아. 시작하자.

Warming up

Let's sing and dance.	노래하며 춤추자.

★★ 'Love Grows One by One' 노래와 율동으로 수업 시작을 알린다.

Opening

Today's Letters :
Gg, Hh, Ii

Let's learn today's letters.	오늘의 알파벳을 배우자.

★★ 알파벳 카드를 보여주며

What letter is it?	이게 뭘까?
Gg.	Gg예요.
That's right. It is Gg.	맞아. 이건 Gg야.
What letter is it?	이게 뭘까?
Hh.	Hh예요.
That's right. It is Hh.	맞아. 이건 Hh야.
What letter is it?	이게 뭘까?

Ii. | Ii예요.

That's right. It is Ii. | 맞아. 이건 Ii야.

Today's Conversation Expressions

Listen to this family tree song. | family tree song을 들어보자.

★ 영상 보기 : Family Tree_Family Song

Part2_Lesson4_Family Tree

What do you hear from this song? | 이 노래에서 어떤 단어가 들렸어?

Grandpa, grandma, mom, dad, brother, sister, and me.

Great! Very good job! | 좋아! 아주 잘했어!

Listen to this personal pronouns song. | personal pronouns song, 인칭대명사 노래를 들어보자.

★ 영상 보기 : Personal pronouns_I am, You are song

Part2_personal pronouns

What do you hear from this song? | 이 노래에서 어떤 단어가 들렸어?

I, you, he, she, it, and they.

Great! Very good job! | 좋아! 아주 잘했어!

Lesson 04

★★ 손으로 자신을 가리키며

I am me.

★★ 손으로 상대방을 가리키며

You are you.

★★ 남자 그림을 보여주며

He is for a man or a boy.

★★ 여자 그림을 보여주며

She is for a woman or a girl

★★ 남자 그림과 여자 그림을 함께 보여주며

They are both.

★★ 손으로 자신과 상대방을 동시에 가리키며

We are you and me.

Body

Do you remember today's letters?	오늘의 알파벳 기억나?
Yes.	예.
Good. I'm going to show you again.	좋아. 다시 보여줄게.
Peek-A-Boo means 까꿍 in Korean.	피카부는 우리말로 까꿍이야.
Let's play peekaboo!	이제부터 피카부 게임(까꿍 놀이)을 할 거야.

Today's Letters:
Gg, Hh, Ii

★★ 피카부 커튼과 알파벳 카드를 사용해 첫소리가 같은 단어를 제시한다.

1 Peekaboo, peekaboo, Peek-A-Boo! What's this?

피카부, 피카부, 피카~~~부! 이게 뭘까?

If you know the answer, raise your hand and say, "I know!"

답을 알면 손을 들고 "I know!" 라고 말하렴.

★★ 커튼을 한 장씩 걷으면서 어떤 활자가 쓰여 있는지 추측하게 만든다.

Gg.

g예요.

That's right. Very good!

맞아. 아주 잘했어.

★★ 알파벳 카드를 보여주며

2 Look at this!

이걸 봐.

G is a big letter. g is a small letter. g makes a sound /g/.

G는 대문자, g는 소문자. /g/ 소리가 나.

Let's say together /g/, /g/, /g/.

함께 말해보자.

★★ Hh, Ii 알파벳 카드를 사용해 1~2번 순서대로 반복한다.

Today's Key Vocabularies:
gorilla / green / glass
hat / hand / horse
igloo / insect / iguana

★★ 피카부 커튼과 그림 카드를 사용해 첫소리가 같은 단어를 제시한다.

3 Peekaboo, peekaboo, Peek-A-Boo!
What's this?

피카부, 피카부, 피카~~~부!
이건 뭘까?

If you know the answer, raise your hand and say, "I know!"

답을 알면 손을 들고 "I know!" 라고 말하렴.

★★ 커튼을 한 장씩 걷으면서 어떤 그림이 있는지 추측하게 만든다.

Gorilla.

gorilla예요.

That's right. Very good!

맞아. 아주 잘했어.

★★ 그림 카드를 보여주며

This is a gorilla. /g/, /g/, gorilla, /g/, /g/, gorilla.

이건 gorilla야.

★★ 알파벳 카드를 보여주며

4 Look at this!

이걸 봐.

G is a big letter. g is a small letter.
g makes a sound /g/.

G는 대문자, g는 소문자.
/g/ 소리가 나.

Let's say together /g/, /g/, gorilla, /g/, /g/, gorilla.

함께 말해보자.

★★ 그림 카드를 사용해 오늘의 단어를 3~4번 순서대로 반복한다.

Listening

★★ 동영상을 활용한 letter-sound 반복 청취를 통해 음소 인식을 유도한다.

Watch these video files.

다음 동영상을 보자.

★ 영상 보기 : Letter G, g

 Part2_Lesson4_LetterG

★ 영상 보기 : Letter H, h

 Part2_Lesson4_LetterH

★ 영상 보기 : Letter I, i

 Part2_Lesson4_LetterI

Reading

★★ Pre K 레벨의 리더스북을 읽으면서 아이 스스로 today's letters를 찾는 시간을 갖는다.
★★ 교재 : 〈Now I'm Reading〉 시리즈 'All about the ABCs' G, H, I 활용

★★ 책 표지를 보여주며

Look at the cover. 표지를 봐.

What do you see? 뭐가 보이니?

G

Good job! 잘했어!

★★ 책을 펼치며

1 I'm going to read this book. 이 책을 읽어줄게.

Listen carefully. 잘 들어봐.

★★ 책 전체를 읽어준다.

★★ 다시 책 첫 페이지를 펼치며

2 When I point to a word, let's read it together.

단어를 가리키면, 그 단어를 같이 읽어보자.

★★ g로 시작하는 단어를 먼저 읽고, 아이가 따라 읽을 수 있도록 유도한다.

★★ 다시 책 첫 페이지를 펼치며

3 When you see the word that starts with letter 'g', read it.

g로 시작하는 단어를 보면, 그 단어를 읽어봐.

★★ 다시 책 첫 페이지를 펼치며

4 If you find the letter 'g', circle the word.

g를 찾으면 동그라미 하렴.

★★ H, I 1~4를 반복한다.
★★ NIR 시리즈가 아닌 다른 책을 읽을 경우, 같은 책에서 H, I 2~4를 반복한다.

Closing

Review today's letter sounds

★★ 그림 카드를 보여주며

Let's sing today's alpbabet chant.

오늘의 알파벳 챈트를 불러보자.

g makes a sound /g/, /g/, gorilla, /g/, /g/, gorilla.

g makes a sound /g/, /g/, green, /g/, /g/, green.

g makes a sound /g/, /g/, glass, /g/, /g/, glass.

h makes a sound /h/, /h/, hat, /h/, /h/, hat.

h makes a sound /h/, /h/, hand, /h/, /h/, hand.

h makes a sound /h/, /h/, horse, /h/, /h/, horse.

i makes a sound /i/, /i/, igloo, /i/, /i/, igloo.

i makes a sound /i/, /i/, insect, /i/, /i/, insect.

i makes a sound /i/, /i/, iguana, /i/, /i/, iguana.

Practice today's conversation expressions

Look at the picture and answer the question.

그림을 보고 질문에 대답해.

★★ 가족사진 워크시트 속 할아버지를 가리키며

Who is this?

Grandpa.

★★ 가족사진 속 할머니를 가리키며

Who is this?

Grandma.

★★ 가족사진 속 엄마를 가리키며

Who is this?

Mom.

★★ 가족사진 속 아빠를 가리키며

Who is this?

Dad.

★★ 가족사진 속 형(오빠)를 가리키며

Who is this?

Brother.

★★ 가족사진 속 언니(누나)를 가리키며

Who is this?

Sister.

'he' is for a man, and 'she' is for a woman.

남자는 'he' 여자는 'she'.

Now, I'm going to ask you **"Who is he?"** or **"Who is she?"**

이번엔 "Who is he?" 또는 "Who is she?"라고 질문할 거야.

Please answer with 'he is my' or 'she is my'.

'he is my–'나 'she is my–'를 사용해서 대답해.

★★ 가족사진 속 할아버지를 가리키며

Who is he?

He is my grandpa.

★★ 가족사진 속 할머니를 가리키며

Who is she?

She is my grandma.

★★ 가족사진 속 엄마를 가리키며

Who is she?

She is my mom.

★★ 가족사진 속 아빠를 가리키며

Who is he?

He is my dad.

★★ 가족사진 속 형(오빠)를 가리키며

Who is he?

He is my brother.

★★ 가족사진 속 언니(누나)를 가리키며

Who is she?

She is my sister.

See you again next time. 다음 시간에 또 만나자.

Bye. 안녕.

Lesson 05 Single Letter Sounds j, k, l과 a~l 복습

목표

- 알파벳 j, k, l의 음소를 인식하고 듣고 읽을 수 있다.
- 알파벳 single letter sounds a~l을 복습한다.

준비물

□ 집중할 수 있는 시간 단 30분

□ 알파벳 카드, 단어 그림 카드, 피카부 커튼, 동영상, 파닉스 리더스북, 뿅망치

- 알파벳 카드, 단어 그림 카드는 아래에서 다운받아 활용하세요.
  한빛라이프 홈페이지 www.hanbit.co.kr/life→자료실
- 피카부 커튼 만드는 방법은 168쪽을 참고하세요.

이렇게 공부해요

Warming up(2분) : Love Grows One by One 노래 부르기

Opening(5분) :

Today's Letters : Jj, Kk, Ll

ABC song 소개

Body(15분) :

Today's Key Vocabularies:

juice / jet / jump, king / koala / kitchen, lion / lip / log

Listening : 동영상을 활용해 letter-sound 반복 청취

Reading : Pre K 레벨의 쉬운 리더스북 읽기, 아이 스스로 today's letters를 찾는 시간을 갖는다.

– 〈Now I'm Reading〉 시리즈 'All about the ABCs' J, K, L 활용

Closing(8분)

Review today's letter sounds and toy hammer game

Hello. How are you today?	안녕, 오늘 기분이 어떠니?
I'm fine.	좋아요.
Good. Let me begin.	좋아. 시작하자.

Warming up

Let's sing and dance.	노래하며 춤추자.

★★ 'Love Grows One by One' 노래와 율동으로 수업 시작을 알린다.

Opening

Today's Letters :
Jj, Kk, Ll

Let's learn today's letters.	오늘의 알파벳을 배우자.

★★ 알파벳 카드를 보여주며

What letter is it?	이게 뭘까?
Jj.	Jj예요.
That's right. It is Jj.	맞아. 이건 Jj야.
What letter is it?	이게 뭘까?
Kk.	Kk예요.
That's right. It is Kk.	맞아. 이건 Kk야.
What letter is it?	이게 뭘까?

Ll.

Lㅣ이에요.

That's right. It is Ll

맞아. 이건 Lㅣ이야.

ABC song

Listen to this ABC song.

ABC song을 들어보자.

★ 영상 보기 : ABC song1

Part2_Lesson5_ABC Song1

What do you hear from this song?

이 노래에서 어떤 단어가 들렸어?

Apple, ball, cat, dog, elephant, fish, gorilla, hat, igloo, juice, kangaroo, and lion.

Great! Very good job!

좋아! 아주 잘했어!

Body

Do you remember today's letters?

오늘의 알파벳 기억나?

Yes.

예.

Good. I'm going to show you again.

좋아. 다시 보여줄게.

Peekaboo means 까꿍 in Korean.

피카부는 우리말로 '까꿍'이야.

Let's play peekaboo!

피카부 게임(까꿍 놀이)을 하자!

Today's Letter:

Jj, Kk, Ll

★★ 피카부 커튼과 알파벳 카드를 사용해 첫소리가 같은 단어를 제시한다.

1 Peekaboo, peekaboo, Peek-A-Boo!
What's this?

피카부, 피카부, 피카~~~부!
이게 뭘까?

If you know the answer, raise your hand and say, "I know!"

답을 알면 손을 들고 "I know!" 라고 말하렴.

★★ 커튼을 한 장씩 걷으면서 알파벳 카드에 어떤 활자가 쓰여 있는지 추측하게 만든다.

Jj.

j예요.

That's right. Very good!

맞아. 아주 잘했어.

★★ 알파벳 카드를 보여주며

2 Look at this!

이걸 봐.

J is a big letter. j is a small letter.
j makes a sound /j/.

J는 대문자, j는 소문자.
/j/ 소리가 나.

Let's say together /j/, /j/, /j/.

함께 말해보자.

★★ Kk, Ll 알파벳 카드를 사용해 1~2번 순서대로 반복한다.

Today's Key Vocabularies:
juice / jet / jump
king / koala / kitchen
lion / lip / log

★★ 피카부 커튼과 그림 카드를 사용해 첫소리가 같은 단어를 제시한다.

3 Peekaboo, peekaboo, Peek-A-Boo!
What's this?

피카부, 피카부, 피카~~~부!
이건 뭘까?

If you know the answer, raise your hand and say, "I know!"

답을 알면 손을 들고 "I know!" 라고 말하렴.

★★ 커튼을 한 장씩 걷으면서 어떤 그림이 있는지 추측하게 만든다.

Juice.

juice예요.

That's right. Very good!

맞아. 아주 잘했어.

★★ 그림 카드를 보여주며

This is juice. /j/, /j/, juice, /j/, /j/, juice.

이건 juice야.

★★ 알파벳 카드를 보여주며

4 Look at this!

이걸 봐.

J is a big letter. j is a small letter.
j makes a sound /j/.

J는 대문자. j는 소문자.
/j/ 소리가 나.

Let's say together /j/, /j/, juice, /j/, /j/, juice. /j/, /j/,

함께 말해보자.

★★ 그림 카드를 사용해 오늘의 단어를 3~4번 순서대로 반복한다.

Listening

★★ 동영상을 활용한 letter-sound 반복 청취를 통해 음소 인식을 유도한다.

Watch these video files.

다음 동영상을 보자.

★ 영상 보기 : Letter J, j

Part2_Lesson5_LetterJ

★ 영상 보기 : Letter K, k

Part2_Lesson5_LetterK

★ 영상 보기 : Letter L, l

 Part2_Lesson5_LetterL

Reading

★★ Pre K 레벨의 리더스북을 읽으면서 아이 스스로 today's letters를 찾는 시간을 갖는다.
★★ 교재 : 〈Now I'm Reading〉 시리즈 'All about the ABCs' J, K, L 활용

★★ 책 표지를 보여주며

Look at the cover. 표지를 봐.

What do you see? 뭐가 보이니?

J J예요.

Good job! 잘했어!

★★ 책을 펼치며

1 I'm going to read this book. 이 책을 읽어줄게.

Listen carefully. 잘 들어봐.

★★ 책 전체를 읽어준다.

★★ 다시 책 첫 페이지를 펼치며

2 When I point to a word, let's read it together. 단어를 가리키면, 그 단어를 같이 읽어보자.

★★ j로 시작하는 단어를 먼저 읽고, 아이가 따라 읽을 수 있도록 유도한다.

★★ 책 첫 페이지를 펼치며

3 When you see the word that starts with letter 'j', read it. j로 시작하는 단어를 보면, 그 단어를 읽어봐.

Lesson 05

★★ 다시 책 첫 페이지를 펼치며

4 If you find the letter 'j', circle the word.

j를 찾으면 동그라미 하렴.

★★ K, L 1~4를 반복한다.
★★ NIR 시리즈가 아닌 다른 책을 읽을 경우, 같은 책에서 K, L 2~4를 반복한다.

Closing

Review today's letter sounds

Let's sing today's alpbabet chant.

오늘의 알파벳 챈트를 불러보자.

★★ 그림 카드를 보여주며

j makes a sound /j/, /j/, juice, /j/, /j/, juice.
j makes a sound /j/, /j/, jet, /j/, /j/, jet.
j makes a sound /j/, /j/, jump, /j/, /j/, jump.
k makes a sound /k/, /k/, king, /k/, /k/, king.
k makes a sound /k/, /k/, koala, /k/, /k/, koala.
k makes a sound /k/, /k/, kitchen, /k/, /k/, kitchen.
l makes a sound /l/, /l/, lion, /l/, /l/, lion.
l makes a sound /l/, /l/, lip, /l/, /l/, lip.
l makes a sound /l/, /l/, log, /l/, /l/, log.

Toy Hammer Game(뿅망치 게임) : a~l

(Spread out all the picture cards a~l on the table.) | (a~l까지의 그림 카드를 모두 탁자 위에 펼쳐놓는다.)

This is a practice game. | 이번은 연습 게임이야.

You hold this toy hammer and hit what I say. | 뿅망치를 잡고 내가 말하는 카드를 치렴.

Yes. | 예.

/a/, /a/, apple

apple

★★ 뿅망치로 단어를 친다.

Great! Very good job! | 아주 잘했어.

/a/, /a/, apple

/a/, /a/, apple

Let's start toy hammer game. | 이제 뿅망치 게임을 시작하자.

Are you ready? | 준비됐니?

★★ 첫 음소가 같은 단어의 그림 찾기를 반복 진행한다.

See you again next time. | 다음 시간에 또 만나자.

Bye. | 안녕.

Lesson 06 Single Letter Sounds m, n, o와 What 의문문

목표

- 알파벳 m, n, o의 음소를 인식하고 듣고 읽을 수 있다.
- 의문사 what를 사용해 간단한 질의응답을 할 수 있다.
- this와 that의 차이를 알고 활용할 수 있다.

준비물

□ 집중할 수 있는 시간 단 30분
□ 알파벳 카드, 단어 그림 카드, 동영상, 파닉스 리더스북, 연필, 지우개, 자 등 문구류 몇 개
- 알파벳 카드, 단어 그림 카드는 아래에서 다운받아 활용하세요.
  한빛라이프 홈페이지 www.hanbit.co.kr/life→자료실

이렇게 공부해요

Warming up(2분) : Love Grows One by One 노래 부르기
Opening(5분) :
Today's Letters : Mn, Nn, Oo
Today's Conversation Expressions
What is this? What is that?
Body(15분) :
Today's Key Vocabularies:
moon / monkey / mask, nut / nine / net, ostrich / octopus / ox
Listening : 동영상을 활용해 letter-sound 반복 청취
Reading : Pre K 레벨의 쉬운 리더스북 읽기, 아이 스스로 today's letters를 찾는 시간을 갖는다.
– 〈Now I'm Reading〉 시리즈 'All about the ABCs' M, N, O 활용
Closing(8분)
Review today's letter sounds and conversation expressions

Hello. How are you today? 안녕, 오늘 기분이 어떠니?

I'm fine. 좋아요.

Good. Let me begin. 좋아. 시작하자.

Warming up

Let's sing and dance. 노래하며 춤추자.

★★ 'Love Grows One by One' 노래와 율동으로 수업 시작을 알린다.

Opening

Today's Letters:
Mm, Nn, Oo

Let's learn today's letters. 오늘의 알파벳을 배우자.

★★ 알파벳 카드를 보여주며

What letter is it? 이게 뭘까?

Mm. Mm이에요.

Yes, it is. It is Mm. 맞아. 이건 Mm이야.

What letter is it? 이게 뭘까?

Nn. Nn이에요.

Yes, it is. It is Nn. 맞아. 이건 Nn이야.

What letter is it? 이게 뭘까?

Oo. Oo예요.

Yes, it is. It is Oo. 맞아. 이건 Oo야.

Today's Conversation Expressions

Let's learn today's conversation expressions. 오늘의 회화 표현을 배우자.

Today's expression is **"What is this?"** and **"What is that?"** 오늘의 표현은 "What is this?"와 "What is that?"이야.

Watch this video. 동영상을 보자.

★★ 영상 보기 : What's this? What's that? song

Part2_Lesson6_What's this? What's that?

★★ 1분 30초까지. 뒷부분은 다른 표현이 나온다.

What do you hear from the video? 이 영상에서 무얼 들었니?

What, this, that, bee, tiger, and snake.

Great! Very good job! 좋아! 아주 잘했어!

Body

Do you remember today's letters? 오늘의 알파벳 기억나?

Yes. 네, 기억나요.

Good. I'm going to show you again. 좋아. 다시 보여줄게.

Today's Letters:
Mm, Nn, Oo

★★ 손바닥으로 알파벳을 가렸다가 서서히 보여주며 해당 letter 에 대한 호기심을 유도한다.

1 Do you know what it is?

이게 뭔지 아니?

If you know the answer, raise your hand and say, "I know!"

답을 알면 손을 들고 "I know!" 라고 말하렴.

★★ 손바닥으로 알파벳 카드를 가렸다가 천천히 보여주면서 알파벳 카드에 어떤 단어가 있는지 추측하게 만든다.

Mm.

Mm이에요.

That's right. Very good!

맞아. 잘했어.

★★ 알파벳 카드를 보여주며

2 Look at this!

이걸 봐.

M is a big letter. m is a small letter. m makes a sound /m/.

M은 대문자, m은 소문자. /m/ 소리가 나.

Let's say together /m/, /m/, /m/.

함께 말해보자.

★★ Nn, Oo 알파벳 카드를 사용해 1~2번 순서대로 반복한다.

Today's Key Vocabularies:
moon / monkey / mask
nut / nine / net
ostrich / octopus / ox

Lesson 06

★★ 손바닥으로 그림 카드를 가리고 첫소리가 같은 단어를 제시한다.

3 Do you know what it is? | 이게 뭔지 아니?

If you know the answer, raise your hand and say, "I know!" | 답을 알면 손을 들고 "I know!"라고 말하렴.

★★ 손바닥을 천천히 움직이면서 카드에 어떤 그림이 있는지 추측하게 만든다.

moon. | moon이에요.

That's right. Very good! | 맞아. 아주 잘했어.

★★ 그림 카드를 보여주며

4 This is the moon. /m/, /m/, moon, /m/, /m/, moon. | 이건 moon이야. /m/, /m/, moon, /m/, /m/, moon.

★★ 알파벳 카드를 보여주며

Look at this! | 이걸 봐.

M is a big letter. m is a small letter. m makes a sound /m/. | M은 대문자, m은 소문자. /m/ 소리가 나.

Let's say together /m/, /m/, moon, /m/, /m/, moon. | 함께 말해보자.

★★ 그림 카드를 사용해 오늘의 단어를 3~4번 순서대로 반복한다.

Listening

Watch these video files. | 다음 동영상을 보렴.

★★ 영상 보기 : Letter M, m

Part2_Lesson6_LetterM

★★ 영상 보기 : Letter N, n

Part2_Lesson6_LetterN

★★ 영상 보기 : O, o

Part2_Lesson6_LetterO

Reading

★★ Pre K 레벨의 리더스북을 읽으면서 아이 스스로 today's letters를 찾는 시간을 갖는다.
★★ 교재 : 〈Now I'm Reading〉 시리즈 'All about the ABCs' M, N, O 활용

★★ 책 표지를 보여주며

Look at the cover. 표지를 봐.

What do you see? 뭐가 보이니?

M M이에요.

Good job! 잘했어!

★★ 책을 펼치며

1 I'm going to read this book. 이 책을 읽어줄게.

Listen carefully. 잘 들어봐.

★★ 책 전체를 읽어준다.

★★ 다시 책 첫 페이지를 펼치며

2 When I point to a word, let's read it together. 단어를 가리키면, 그 단어를 같이 읽어보자.

★★ m으로 시작하는 단어를 먼저 읽고, 아이가 따라 읽을 수 있도록 유도한다.

Lesson 06

★★ 다시 책 첫 페이지를 펼치며

3 When you see the word that starts with letter 'm', read it.

m으로 시작하는 단어를 보면 그 단어를 읽어봐.

★★ 다시 책 첫 페이지를 펼치며

4 If you find the letter 'm', circle the word.

m을 찾으면 동그라미 하렴.

★★ N. O 1~4를 반복한다.
★★ NIR 시리즈가 아닌 다른 책을 읽을 경우, 같은 책에서 N. O 2~4를 반복한다.

Closing

Review today's letter sounds

Let's sing today's alpbabet chant.

오늘의 알파벳 챈트를 불러보자.

★★ 그림 카드를 보여주며

m makes a sound /m/, /m/, moon, /m/, /m/, moon.
m makes a sound /m/, /m/, monkey, /m/, /m/, monkey.
m makes a sound /m/, /m/, mask, /m/, /m/, mask.
n makes a sound /n/, /n/, nut, /n/, /n/, nut.
n makes a sound /n/, /n/, nine, /n/, /n/, nine.
n makes a sound /n/, /n/, net, /n/, /n/, net.

o makes a sound /o/, /o/, ostrich, /o/, /o/, ostrich.
o makes a sound /o/, /o/, octopus, /o/, /o/, octopus.
o makes a sound /o/, /o/, ox, /o/, /o/, ox.

Practice today's conversation expressions

★★ 볼펜을 가까이에 두고

What's this?

★★ 볼펜을 멀리 두고

What's that?

★★ 가까이로 가져와서

this

★★ 멀찍이 거리를 두고

that

Please follow me. 엄마를 따라 해봐.

★★ 가까이로 가져와서

What's this?

What's this?

★★ 멀찍이 거리를 두고

What's that?

What's that?

★★ 볼펜, 연필, 지우개, 자, 필통 등 문구류를 책상 위에 아이 가까이 순서대로 올려놓고

★★ 펜을 가리키며

What's this?

This is a pen.

★★ 연필을 가리키며

What's this?

This is a pencil

★★ 자를 가리키며

What's this?

This is a ruler.

★★ 지우개를 가리키며

What's this?

This is an eraser.

★★ 필통을 가리키며

What's this?

This is a pencil case.

★★ 볼펜, 연필, 지우개, 자, 필통 등 문구류를 책상 위에 아이 멀찍이 순서대로 올려놓고

★★ 펜을 가리키며

What's that?

That is a pen.

★★ 연필을 가리키며

What's that?

That is a pencil

★★ 자를 가리키며

What's that?

That is a ruler.

★★ 지우개를 가리키며

What's that?

That is an eraser.

★★ 필통을 가리키며

What's that?

That is a pencil case.

See you again next time. 다음 시간에 또 만나자.

Bye. 안녕.

Lesson 07 Single Letter Sounds p, q, r과 Yes/No 의문문(be동사)

목표

- 알파벳 p, q, r의 음소를 인식하고 듣고 읽을 수 있다.
- Yes/No로 답할 수 있는 간단한 질의응답을 할 수 있다.

준비물

- □ 집중할 수 있는 시간 단 30분
- □ 알파벳 카드, 단어 그림 카드, 동영상, 파닉스 리더스북, 연필, 지우개, 자 등 문구류 몇 개
  - 알파벳 카드, 단어 그림 카드는 아래에서 다운받아 활용하세요.
    한빛라이프 홈페이지 www.hanbit.co.kr/life→자료실

이렇게 공부해요

Warming up(2분) : Love Grows One by One 노래 부르기

Opening(5분) :

Today's Letters : Pp, Qq, Rr

Today's Conversation Expressions

Q: Is it a pen?

A: No, it isn't.

Body(15분) :

Today's Key Vocabularies:

pig / puppy / pizza, queen / question / quiet, rabbit / rain / red

Listening : 동영상을 활용해 letter–sound 반복 청취

Reading : Pre K 레벨의 쉬운 리더스북 읽기, 아이 스스로 today's letters를 찾는 시간을 갖는다.

– 〈Now I'm Reading〉 시리즈 'All about the ABCs' P, Q, R 활용

Closing(8분)

Review today's letter sounds and conversation expressions

Hello. How are you today? 안녕, 오늘 기분이 어떠니?

I'm fine. 좋아요.

Good. Let me begin. 좋아. 시작하자.

Warming up

Let's sing and dance. 노래하며 춤추자.

★★ 'Love Grows One by One' 노래와 율동으로 수업 시작을 알린다.

Opening

Today's Letters :
Pp, Qq, Rr

Let's learn today's letters. 오늘의 알파벳을 배우자.

★★ 알파벳 카드를 보여주며

What letter is it? 이게 뭘까?

Pp. Pp예요.

That's right. It is Pp. 맞아. 이건 Pp야.

What letter is it? 이게 뭘까?

Qq. Qq예요.

That's right. It is Qq. 맞아. 이건 Qq야.

What letter is it? 이게 뭘까?

Rr. Rr이에요.

That's right. It is Rr. 맞아. 이건 Rr이야.

Lesson 07

Today's Conversation Expressions

Let's learn today's conversation expressions.

오늘의 회화 표현을 배우자.

Today's expression is **"Is it a pen?"**

오늘의 표현은 "Is it a pen?" 이야.

Watch this video.

동영상을 보자.

★ 영상 보기 : Is it a –? / No, it isn't. / What is it?

Part2_Lesson7_Is it a–?

What do you hear from this song?

이 노래에서 무얼 들었니?

Clown, witch, sock, Christmas, stocking, and hot.

Great! Very good job!

좋아! 아주 잘했어!

Body

Do you remember today's letters?

오늘의 알파벳 기억나?

Yes.

네, 기억나요.

Good. I'm going to show you again.

좋아. 다시 보여줄게.

Today's Letters:
Pp, Qq, Rr

★★ 손바닥으로 알파벳을 가렸다가 서서히 보여주며 해당 letter에 대한 호기심을 유도한다.

1 Do you know what it is?

이게 뭔지 아니?

If you know the answer, raise your hand and say, "I know!"	답을 알면 손을 들고 "I know." 라고 말하렴.
★★ 손바닥으로 알파벳 카드를 가렸다가 천천히 보여주면서 알파벳 카드에 어떤 단어가 있는지 추측하게 만든다.	
Pp.	Pp예요.
That's right. Very good!	맞아. 아주 잘했어.
★★ 알파벳 카드를 보여주며	
2 Look at this!	이걸 봐.
P is a big letter. p is a small letter. p makes a sound /p/.	P는 대문자, p는 소문자. /p/ 소리가 나.
Let's say together /p/, /p/, /p/.	함께 말해보자.
★★ Qq는 예외적인 경우이므로 주의한다.	
Look at this!	이걸 봐.
Q is a big letter. q is a small letter.	Q는 대문자, q는 소문자.
q is always followed by u.	q 뒤에는 항상 u가 붙어.
qu makes a sound /kw/.	qu는 /kw/ 소리가 나.
Let's say together /kw/, /kw/, /kw/.	함께 말해보자.
★★ Rr 알파벳 카드를 사용해 1~2번 순서대로 반복한다.	
Today's Key Vocabularies: **pig / puppy / pizza** **queen / question / quiet** **rabbit / rain / red**	
★★ 손바닥으로 그림 카드를 가리고 첫소리가 같은 단어를 제시한다.	
3 Do you know what it is?	이게 뭔지 아니?

If you know the answer, raise your hand and say, "I know!"	답을 알면 손을 들고 "I know!" 라고 말하렴.
★★ 손바닥을 천천히 움직이면서 카드에 어떤 그림이 있는지 추측하게 만든다.	
Pig.	pig예요.
That's right. Very good!	맞아. 아주 잘했어.
★★ 그림 카드를 보여주며	
4 This is a pig. /p/, /p/, pig, /p/, /p/, pig.	이건 pig. /p/. /p/. pig. /p/. /p/. pig.
★★ 알파벳 카드를 보여주며	
Look at this!	이걸 봐.
P is a big letter. p is a small letter. p makes a sound /p/.	P는 대문자, p는 소문자. /m/ 소리가 나.
Let's say together /p/, /p/, pig, /p/, /p/, pig.	함께 말해보자.
★★ 그림 카드를 사용해 오늘의 단어를 3~4번 순서대로 반복한다.	

Listening

★★ 동영상을 활용한 letter-sound 반복 청취를 통해 음소 인식을 유도한다.

Watch these video files.	다음 동영상을 보자.

★ 영상 보기 : Letter P, p

Part2_Lesson7_LetterP

★ 영상 보기 : Letter Q, q

Part2_LetterQ : Part2_Lesson7_LetterQ

★ 영상 보기 : Letter R, r

Part2_Lesson7_LetterR

Reading

★★ Pre K 레벨의 리더스북을 읽으면서 아이 스스로 today's letters를 찾는 시간을 갖는다.
★★ 교재 : 〈Now I'm Reading〉 시리즈 'All about the ABCs' P, Q, R 활용

★★ 책 표지를 보여주며

Look at the cover. — 표지를 봐.

What do you see? — 뭐가 보이니?

P — P요.

Good job! — 잘했어!

★★ 책을 펼치며

1 I'm going to read this book. — 이 책을 읽어줄게.

Listen carefully. — 잘 들어봐.

★★ 책 전체를 읽어준다.

★★ 책 첫 페이지를 펼치며

2 When I point to a word, let's read it together. — 단어를 가리키면, 그 단어를 같이 읽어보자.

★★ p로 시작하는 단어를 먼저 읽고, 아이가 따라 읽을 수 있도록 유도한다.

★★ 책 첫 페이지를 펼치며

3 When you see the word that starts with letter 'p', read it. — p로 시작하는 단어를 보면, 그 단어를 읽어봐.

★★ 다시 책 첫 페이지를 펼치며

4 If you find the letter 'p', circle the word.

p를 찾으면 동그라미 하렴.

★★ Q, R 1~4를 반복한다.
★★ NIR 시리즈가 아닌 다른 책을 읽을 경우, 같은 책에서 Q, R 2~4를 반복한다.

Closing

Review today's letter sounds

Let's sing today's alpbabet chant.

오늘의 알파벳 챈트를 불러보자.

★★ 그림 카드를 보여주며

p makes a sound /p/, /p/, pig, /p/, /p/, pig.
p makes a sound /p/, /p/, puppy, /p/, /p/, puppy.
p makes a sound /p/, /p/, pizza, /p/, /p/, pizza.
qu makes a sound /kw/, /kw/, queen, /kw/, /kw/, queen.
qu makes a sound /kw/, /kw/, question, /kw/, /kw/, question.
qu makes a sound /kw/, /kw/, quiet, /kw/, /kw/, quiet.
r makes a sound /r/, /r/, rabbit, /r/, /r/, rabbit.
r makes a sound /r/, /r/, rain, /r/, /r/, rain.
r makes a sound /r/, /r/, red, /r/, /r/, red.

Practice today's conversation expressions

★★ 먼저 시범을 보인다.

Listen to this. 잘 들어봐.

★★ 연필을 가리키며

Is it a pencil? 이것은 연필입니까?

Yes, it is. 예, 연필이에요.

★★ 연필을 가리키며

Is it a pen? 이것은 펜입니까?

No, it isn't. 아니오, 펜이 아니에요.

Please follow me. 엄마를 따라 해봐.

★★ 연필을 가리키며

Is it a pencil?

Is it a pencil?

Yes, it is.

Yes, it is.

★★ 연필을 가리키며

Is it a pen?

Is it a pen?

No, it isn't.

No, it isn't.

★★ 볼펜, 연필, 지우개, 자, 필통 등 문구류를 책상 위에 아이 가까이 순서대로 올려놓고

★★ 펜을 가리키며

Is it a pen?

Yes, it is.

★★ 연필을 가리키며

Is it a pen?

No, it isn't.

★★ 자를 가리키며

Is it a ruler?

Yes, it is.

★★ 지우개를 가리키며

Is it a ruler?

No, it isn't.

See you again next time. 다음 시간에 또 만나자.

Bye. 안녕.

Lesson 08 Single Letter Sounds s, t, u, v와 소유격/소유대명사

목표

- 알파벳 s, t, u, v의 음소를 인식하고 듣고 읽을 수 있다.
- 소유격과 소유대명사를 사용해 간단한 질의응답을 할 수 있다.

준비물

- □ 집중할 수 있는 시간 단 30분
- □ 알파벳 카드, 단어 그림 카드, 동영상, 파닉스 스토리, 연필, 지우개, 자 등 문구류 몇 개
  - 알파벳 카드, 단어 그림 카드는 아래에서 다운받아 활용하세요.
    한빛라이프 홈페이지 www.hanbit.co.kr/life→자료실

이렇게 공부해요

Warming up(2분) : Love Grows One by One 노래 부르기

Opening(5분) :

Today's Letters : Ss, Tt, Uu, Vv

Today's Conversation Expressions

Q: Is it your pen?

A: Yes, it is. It's mine.

Body(15분) :

Today's Key Vocabularies:

sun / snow / sky, tiger / ten / taxi, umbrella / up / uncle, violin / volcano / van

Listening : 동영상을 활용해 letter-sound 반복 청취

Reading : Pre K 레벨의 쉬운 리더스북 읽기, 아이 스스로 today's letters를 찾는 시간을 갖는다.

– 〈Now I'm Reading〉 시리즈 'All about the ABCs' Ss, Tt, Uu, Vv 활용

Closing(8분)

Review today's letter sounds and conversation expressions

Hello. How are you today? — 안녕, 오늘 기분이 어떠니?

I'm fine. — 좋아요.

Good. Let me begin. — 좋아. 시작하자.

Warming up

Let's sing and dance. — 노래하며 춤추자.

★★ 'Love Grows One by One' 노래와 율동으로 수업 시작을 알린다.

Opening

Today's Letters :
Ss, Tt, Uu, Vv

Let's learn today's letters. — 오늘의 알파벳을 배우자.

★★ 알파벳 카드를 보여주며

What letter is it? — 이게 뭘까?

Ss. — Ss예요.

That's right. It is Ss. — 맞아. 이건 Ss야.

What letter is it? — 이게 뭘까?

Tt. — Tt예요.

That's right. It is Tt. — 맞아. 이건 Tt야.

What letter is it? — 이게 뭘까?

Uu. — Uu예요.

That's right. It is Uu. — 맞아. 이건 Uu야.

What letter is it? 이게 뭘까?

Vv. Vv예요.

That's right. It is Vv. 맞아. 이건 Vv야.

Today's Conversation Expressions

Let's learn today's conversation expressions. 오늘의 회화표현을 배우자.

Today's expression is **"Is it your pen?"** 오늘의 표현은 "Is it your pen?" 이야.

Watch this video. 동영상을 보자.

★ 영상 보기 : Mine and Yours song

Part2_Lesson8_Mine and Yours song

What do you hear from the video? 이 영상에서 무얼 들었니?

Mine, yours, his, hers, its, ours, and theirs.

Great! Very good job! 좋아! 아주 잘했어!

Body

Do you remember today's letters? 오늘의 알파벳 기억나?

Yes. 예.

Good. I'm going to show you again. 좋아. 다시 보여줄게.

Today's Letters:
Ss, Tt, Uu, Vv

★★ 손바닥으로 알파벳을 가렸다가 서서히 보여주며 해당 letter에 대한 호기심을 유도한다.

1 Do you know what it is? — 이게 뭔지 아니?

If you know the answer, raise your hand and say, "I know!" — 답을 알면 손을 들고 "I know!" 라고 말하렴.

★★ 손바닥으로 알파벳 카드를 가렸다가 천천히 보여주면서 알파벳 카드에 어떤 단어가 있는지 추측하게 만든다.

Ss. — Ss예요.

That's right. Very good! — 맞아. 아주 잘했어.

★★ 알파벳 카드를 보여주며

2 Look at this! — 이걸 봐.

S is a big letter. s is a small letter. s makes a sound /s/. — S는 대문자, s는 소문자. /s/ 소리가 나.

Let's say together /s/, /s/, /s/. — 함께 말해보자.

★★ Tt, Uu, Vv 알파벳 카드를 활용해 1~2번 순서대로 반복한다.

Today's Key Vocabularies:
sun / snow / sky
tiger / ten / taxi
umbrella / up / uncle
violin / volcano / van

★★ 손바닥으로 그림 카드를 가리고 첫소리가 같은 단어를 제시한다.

3 Do you know what it is? — 이게 뭔지 아니?

If you know the answer, raise your hand and say, "I know!"

답을 알면 손을 들고 "I know!" 라고 말하렴.

★★ 손바닥을 천천히 움직이면서 카드에 어떤 그림이 있는지 추측하게 만든다.

Sun.

sun이에요.

That's right. Very good!

맞아. 아주 잘했어.

★★ 그림 카드를 보여주며

4 This is the sun. /s/, /s/, sun, /s/, /s/, sun.

이건 sun이야.

★★ 알파벳 카드를 보여주며

Look at this!

이걸 봐.

S is a big letter. s is a small letter.
s makes a sound /s/.

S는 대문자, s는 소문자.
/s/ 소리가 나.

Let's say together /s/, /s/, sun, /s/, /s/, sun.

함께 말해보자.

★★ 그림 카드를 사용해 오늘의 단어를 3~4번 순서대로 반복한다.

Listening

동영상을 활용해 letter-sound의 반복 청취를 통해 음소 인식을 유도한다.

Watch these video files.

다음 동영상을 보자.

★ 영상 보기 : Letter S, s

Part2_Lesson8_LetterS

★ 영상 보기 : Letter T, t

Part2_Lesson8_LetterT

★ 영상 보기 : Letter U, u

 Part2_Lesson8_LetterU

★ 영상 보기 : Letter V, v

 Part2_Lesson8_LetterV

Reading

★★ Pre K 레벨의 리더스북을 읽으면서 아이 스스로 today's letters를 찾는 시간을 갖는다.
★★ 교재 : 〈Now I'm Reading〉 시리즈 'All about the ABCs' S, T, U, V 활용

★★ 책 표지를 보여주며

Look at the cover. 표지를 봐.

What do you see? 뭐가 보이니?

S

Good job! 잘했어!

★★ 책을 펼치며

1 I'm going to read this book. 이 책을 읽어줄게.

Listen carefully. 잘 들어봐.

★★ 책 전체를 읽어준다.

★★ 다시 책 첫 페이지를 펼치며

2 When I point to a word, let's read it together. 단어를 가리키면, 그 단어를 같이 읽어보자.

★★ s로 시작하는 단어를 먼저 읽고, 아이가 따라 읽을 수 있도록 유도한다.

★★ 다시 책 첫 페이지를 펼치며

3 When you see the word that starts with letter 's', read it.

s로 시작하는 단어를 보면, 그 단어를 읽어봐.

★★ 다시 책 첫 페이지를 펼치며

4 If you find the letter 's', circle the word.

s를 찾으면 동그라미 하렴.

★★ T, U, V 1~4를 반복한다.
★★ NIR 시리즈가 아닌 다른 책을 읽을 경우, 같은 책에서 T, U 2~4를 반복한다.

Closing

Review today's letter sounds

Let's sing today's alpbabet chant.

오늘의 알파벳 챈트를 불러보자.

★★ 그림 카드를 보여주며

s makes a sound /s/, /s/, sun, /s/, /s/, sun.
s makes a sound /s/, /s/, snow, /s/, /s/, snow.
s makes a sound /s/, /s/, sky, /s/, /s/, sky.
t makes a sound /t/, /t/, tiger, /t/, /t/, tiger.
t makes a sound /t/, /t/, ten, /t/, /t/, ten.
t makes a sound /t/, /t/, taxi, /t/, /t/, taxi.
u makes a sound /u/, /u/, umbrella, /u/, /u/, umbrella.
u makes a sound /u/, /u/, up, /u/, /u/, up.
u makes a sound /u/, /u/, uncle, /u/, /u/, uncle.

v makes a sound /v/, /v/, violin, /v/, /v/, violin.
v makes a sound /v/, /v/, volcano, /v/, /v/, volcano.
v makes a sound /v/, /v/, van, /v/, /v/, van.

Practice today's conversation expressions

★★ 먼저 시범을 보인다.

Listen carefully. 주의 깊게 들어봐.

★★ 연필을 가리키며

Is it your pencil?

Yes, it is. It's mine.

★★ 연필을 가리키며

Is it my pencil?

No, it isn't. It's mine.

Please follow me. 엄마를 따라 해봐.

★★ 연필을 가리키며

Is it your pencil?

Is it your pencil?

Yes, it is. It's mine.

Yes, it is. It's mine.

★★ 연필을 가리키며

Is it my pencil?

Is it my pencil?

No, it isn't. It's mine.

No, it isn't. It's mine.

★★ 볼펜, 연필, 지우개, 자, 필통 등 문구류를 책상 위에 아이 가까이 순서대로 올려놓고

★★ 펜을 가리키며

Is it your pen?

Yes, it is. It's mine.

★★ 연필을 가리키며

Is it my pencil?

No, it isn't. It's mine.

★★ 자를 가리키며

Is it your ruler?

Yes, it is. It's mine.

★★ 필통을 가리키며

Is it my pencil case?

No, it isn't. It's mine.

See you again next time. 다음 시간에 또 만나자.

Bye. 안녕.

Lesson 09 Single Letter Sounds w, x, y, z와 a~z 복습

목표

- 알파벳 w, x, y, z의 음소를 인식하고 듣고 읽을 수 있다.
- 알파벳 single letter sounds a~z를 복습한다.

준비물

- □ 집중할 수 있는 시간 단 30분
- □ 알파벳 카드, 단어 그림 카드, 동영상, 파닉스 리더스북
  - 알파벳 카드, 단어 그림 카드는 아래에서 다운받아 활용하세요.
    한빛라이프 홈페이지 www.hanbit.co.kr/life→자료실

이렇게 공부해요

Warming up(2분) : Love Grows One by One 노래 부르기

Opening(5분) :

Today's Letters : Ww, Xx, Yy, Zz

Body(15분) :

Today's Key Vocabularies:

watch / wolf / web, box / fox / six, yo-yo / yellow / yawn, zebra / zipper / zoo

Listening : 동영상을 활용해 letter-sound 반복 청취

Reading : Pre K 레벨의 쉬운 리더스북 읽기, 아이 스스로 today's letters를 찾는 시간을 갖는다.

– 〈Now I'm Reading〉 시리즈 'All about the ABCs' W, X, Y, Z 활용

Closing(8분)

Review today's letter sounds and single letter sounds a~z

Hello. How are you today? 안녕, 오늘 기분이 어떠니?

I'm fine. 좋아요.

Good. Let me begin. 좋아. 시작하자.

Warming up

Let's sing and dance. 노래하며 춤추자.

★★ 'Love Grows One by One' 노래와 율동으로 수업 시작을 알린다.

Opening

Today's Letters :
Ww, Xx, Yy, Zz

Let's learn today's letters. 오늘의 알파벳을 배우자.

★★ 알파벳 카드를 보여준다.

What letter is it? 이게 뭘까?

Ww. Ww예요.

That's right. It is Ww. 맞아. 이건 Ww야

What letter is it? 이게 뭘까?

Xx. Xx예요.

That's right. It is Xx. 맞아. 이건 Xx야.

What letter is it? 이게 뭘까?

Yy. Yy예요.

That's right. It is Yy. 맞아. 이건 Yy야.

What letter is it? 이게 뭘까?

Zz. Zz예요.

That's right. It is Zz. 맞아. 이건 Zz야.

Listen to this ABC song. 다음 ABC song을 들어보자.

★ 영상 보기 : ABC Song_대문자, 소문자, 발음

Part2_Lesson9_ABC Song2

Body

Do you remember today's letters? 오늘의 알파벳 기억나?

Yes. 예.

Good. I'm going to show you again. 좋아. 다시 보여줄게.

Today's Letters:
Ww, Xx, Yy, Zz

★★ 손바닥으로 알파벳을 가렸다가 서서히 보여주며 해당 letter에 대한 호기심을 유도한다.

1 Do you know what it is? 이게 뭔지 아니?

If you know the answer, raise your hand and say, "I know!" 답을 알면 손을 들고 "I know!"라고 말하렴.

★★ 손바닥으로 알파벳 카드를 가렸다가 천천히 보여주면서 알파벳 카드에 어떤 단어가 있는지 추측하게 만든다.

Ww. Ww예요.

That's right. Very good! 맞아. 아주 잘했어.

★★ 알파벳 카드를 보여주며

2 Look at this! — 이걸 봐.

W is a big letter. w is a small letter.
w makes a sound /w/. — W는 대문자, w는 소문자. /w/ 소리가 나.

Let's say together /w/, /w/, /w/. — 함께 말해보자.

★★ Xx, Yy, Zz 알파벳 카드를 사용해 1~2번 순서대로 반복한다.

Today's Key Vocabularies:
watch / wolf / web
box / fox / six
yo-yo / yellow / yawn
zebra / zipper / zoo

★★ 손바닥으로 그림 카드 뒷부분을 가리고 첫소리가 같은 단어를 제시한다.

3 Do you know what it is? — 이게 뭔지 아니?

If you know the answer, raise your hand and say, "I know!" — 답을 알면 손을 들고 "I know!"라고 말하렴.

손바닥을 천천히 움직이면서 그림 카드에 어떤 그림이 있는지 추측하게 만든다.

Watch. — watch예요.

That's right. Very good! — 맞아. 아주 잘했어.

★★ 그림 카드를 보여주며

4 This is a watch. /w/, /w/, watch, /w/, /w/, watch. — 이건 watch, 시계야. /w/, /w/, watch, /w/, /w/, watch.

Lesson 09

★★ 알파벳 카드를 보여주며

Look at this!

잘 봐.

W is a big letter. w is a small letter.
w makes a sound /w/.

W는 대문자, w는 소문자.
/w/ 소리가 나.

Let's say together /w/, /w/, watch, /w/, /w/, watch.

함께 말해보자.

★★ 아이가 그림을 맞히면 칭찬한다. 그림을 확인한 다음 그림에 해당하는 단어의 첫 음가를 알려주고, 알파벳 카드를 보여주며 활자와 소리의 관계를 다시 한번 강조한다. 단어의 발음을 알려준다.

★★ 그림 카드를 사용해 오늘의 단어를 3~4번 순서대로 반복한다.

Listening

★★ 동영상을 활용한 letter-sound 반복 청취를 통해 음소 인식을 유도한다.

Watch these video files.

다음 동영상을 보자.

★ 영상 보기 : Letter W, w

Part2_Lesson9_LetterW

★ 영상 보기 : Letter X, x

Part2_Lesson9_LetterX

★ 영상 보기 : Letter Y, y

Part2_Lesson9_LetterY

★ 영상 보기 : Letter Z, z

Part2_Lesson9_LetterZ

Reading

★★ Pre K 레벨의 리더스북을 읽으면서 아이 스스로 today's letters를 찾는 시간을 갖는다.
★★ 교재 : 〈Now I'm Reading〉 시리즈 'All about the ABCs' W, X, Y, Z 활용

★★ 책 표지를 보여주며

Look at the cover. 표지를 봐.

What do you see? 뭐가 보이니?

W

Good job! 잘했어!

★★ 책을 펼치며

1 I'm going to read this book. 이 책을 읽어줄게.

Listen carefully. 잘 들어봐.

★★ 책 전체를 읽어준다.

★★ 다시 책 첫 페이지를 펼치며

2 When I point to a word, let's read it together. 단어를 가리키면, 그 단어를 같이 읽어보자.

★★ w로 시작하는 단어를 먼저 읽고, 아이가 따라 읽을 수 있도록 유도한다.

★★ 다시 첫 페이지를 펼치며

3 When you see the word that starts with letter 'w', read it. w로 시작하는 단어를 보면, 그 단어를 읽어봐.

★★ 다시 책 첫 페이지를 펼치며

4 If you find the letter 'w', circle the word. w를 찾으면 동그라미 하렴.

★★ X, Y, Z 1~4를 반복한다.
★★ NIR 시리즈가 아닌 다른 책을 읽을 경우, 같은 책에서 X, Y, Z 2~4를 반복한다.

Closing

Review today's letter sounds

Let's sing today's alpbabet chant.

오늘의 알파벳 챈트를 불러보자.

★★ 그림 카드를 보여주며

w makes a sound /w/, /w/, watch, /w/, /w/, watch.

w makes a sound /w/, /w/, wolf, /w/, /w/, wolf.

w makes a sound /w/, /w/, web, /w/, /w/, web.

x makes a sound /ks/, /ks/, box, /ks/, /ks/, box.

x makes a sound /ks/, /ks/, fox, /ks/, /ks/, fox.

x makes a sound /ks/, /ks/, six, /ks/, /ks/, six.

y makes a sound /y/, /y/, yo-yo, /y/, /y/, yo-yo.

y makes a sound /y/, /y/, yellow, /y/, /y/, yellow.

y makes a sound /y/, /y/, yawn, /y/, /y/, yawn.

z makes a sound /z/, /z/, zebra, /z/, /z/, zebra.
z makes a sound /z/, /z/, zipper, /z/, /z/, zipper.
z makes a sound /z/, /z/, zoo, /z/, /z/, zoo.

Review single letter sounds a~z

Let's sing single letter sounds chant. 알파벳 챈트를 불러보자.

★★ 알파벳 – 음가 – 대표 단어로 구성해서 시범을 보인다.

a /a/ apple, **b** /b/ book, **c** /k/ cat,
d /d/ dog,
e /e/ elephant, **f** /f/ fish,
g /g/ gorilla, **h** /h/ hat, **i** /i/ igloo,
j /j/ juice, **k** /k/ king,
l /l/ lion, **m** /m/ moon, **n** /n/ nut,
o /o/ ostrich, **p** /p/ pig,
qu /kw/ queen, **r** /r/ rabbit, **s** /s/ sun,
t /t/ tiger, **u** /u/ umbrella, **v** /v/ violin,
w /w/ watch, **x** /ks/ box, **y** /y/ yo-yo,
z /z/ zebra

★★ 익숙해질 때까지 반복한다.

See you again next time. 다음 시간에 또 만나자.

Bye. 안녕.

Lesson 10 Short Vowel a와 Where 의문문

목표

- 단모음 a의 음소를 인식하고 듣고 읽을 수 있다.
- rhyme의 개념을 이해할 수 있다.
- 의문사 where를 사용해 간단한 질의응답을 할 수 있다.

준비물

- □ 집중할 수 있는 시간 단 30분
- □ 알파벳 카드, CVC 카드, 동영상, 파닉스 리더스북, 빈 상자
  - 알파벳 카드는 아래에서 다운받아 활용하세요.
    한빛라이프 홈페이지 www.hanbit.co.kr/life→자료실
  - CVC 카드 : C(자음)–V(모음)–C(자음) 패턴 이해를 돕는 카드
    CVC 카드 만드는 방법은 168쪽을 참고하세요.

이렇게 공부해요

Warming up(3분) : Love Grows One by One 노래 부르기 /
Single Letter Sounds 챈트 부르기

Opening(7분) :

Today's Letters : Short Vowel a

Today's Conversation Expressions :

– Where is the monkey?

Body(15분) :

Short Vowel Sound a : 단모음 a의 CVC 패턴 이해

Rhyming words with short vowel a sound : –am: ham / jam, –an: fan / pan, –at: cat / rat, –ap: cap / map, –ag: bag / tag

Listening : 동영상을 활용해 letter–sound 반복 청취

Reading : Pre K 레벨의 쉬운 리더스북 읽기, 〈Now I'm Reading〉 시리즈 Level 1을 활용해 아이 스스로 today's letters를 찾는 시간을 갖는다.

–〈Now I'm Reading〉 시리즈 Level 1 'FAT CAT' 활용

Closing(5분) : Review today's letter sounds and today's conversation expressions

Hello. How are you today? 안녕, 오늘 기분이 어떠니?

I'm fine. 좋아요.

Good. Let me begin. 좋아. 시작하자.

Warming up

Let's sing and dance. 노래하며 춤추자.

★★ 'Love Grows One by One' 노래와 율동으로 수업 시작을 알린다.

Let's sing single letter sounds chant. 알파벳 챈트를 불러보자.

a /a/ apple, **b** /b/ book, **c** /k/ cat,
d /d/ dog,
e /e/ elephant, **f** /f/ fish, **g** /g/ gorilla,
h /h/ hat, **i** /i/ igloo, **j** /j/ juice, **k** /k/ king,
l /l/ lion, **m** /m/ moon, **n** /n/ nut,
o /o/ ostrich, **p** /p/ pig,
qu /kw/ queen, **r** /r/ rabbit, **s** /s/ sun,
t /t/ tiger, **u** /u/ umbrella, **v** /v/ violin,
w /w/ watch, **x** /ks/ box, **y** /y/ yo-yo,
z /z/ zebra

Opening

Today's Letters: Short Vowel a

★★ CVC V에 a 카드를 보여주며

Listen carefully. /a/ /a/ /a/ 잘 들어봐. /a/ /a/ /a/

What letter is it? 이 글자는 뭘까?

a — a요.

It makes a sound. /a/ /a/ /a/ — a는 /a/ /a/ /a/ 소리가 나.

Let's say together. /a/ /a/ /a/ — 함께 말해보자. /a/ /a/ /a/

Listen carefully. /m/ /m/ /m/ — 잘 들어봐. /m/ /m/ /m/

★★ CVC 두 번째 C에 m 카드를 보여주며

What letter is it? — 이 글자는 뭘까?

m — m이에요.

It makes a sound. /m/ /m/ /m/ — m은 /m/ /m/ /m/ 소리가 나.

Let's say together. /m/ /m/ /m/ — 함께 말해보자.

Let's blend the sounds. — 소리를 합해보자.

★★ CVC a와 m 카드를 동시에 보여주며

/a/ /m/ /a/ /m/ /a/ /m/

/am/ /am/ /am/ /am/ /am/ /am/

Let's say together. /am/ /am/ /am/ — 함께 말해보자.

Watch the video files. — 다음 동영상을 보자.

★★ 영상 보기 : Where's the monkey?_where 의문문

Part2_Lesson10_Where's the monkey?

What do you hear from the song? — 노래에서 무얼 들었니?

Monkey, bed, door, box, ball, and curtain.

Great! Very good job! 좋아! 아주 잘했어!

★★ 영상 보기 : Location Prepositions : In, On, Under, Over, In Front, Behind!

Part2_Lesson10_Location Prepositions

What do you hear from the video? 영상에서 무얼 들었니?

In, on, under, over, in front, and behind.

Great! Very good job! 좋아! 아주 잘했어!

Body

Today's Letters: Short Vowel a

★★ CVC a와 m 카드를 동시에 보여주며

/a/ /m/ /a/ /m/ /a/ /m/
/am/ /am/ /am/ /am/ /am/ /am/
Let's blend the sounds. /am/ /am/ /am/ 소리를 합해보자.

★★ CVC a와 n 카드를 동시에 보여주며

/a/ /n/ /a/ /n/ /a/ /n/
/an/ /an/ /an/ /an/ /an/ /an/
Let's blend the sounds. /an/ /an/ /an/ 소리를 합해보자.

★★ CVC a와 t 카드를 동시에 보여주며

/a/ /t/ /a/ /t/ /a/ /t/

/at/ /at/ /at/ /at/ /at/ /at/

Let's blend the sounds. /at/ /at/ /at/

소리를 합해보자.

★★ CVC a와 p 카드를 동시에 보여주며

/a/ /p/ /a/ /p/ /a/ /p/

/ap/ /ap/ /ap/ /ap/ /ap/ /ap/

Let's blend the sounds. /ap/ /ap/ /ap/

소리를 합해보자.

★★ CVC a와 g 카드를 동시에 보여주며

/a/ /g/ /a/ /g/ /a/ /g/

/ag/ /ag/ /ag/ /ag/ /ag/ /ag/

Let's blend the sounds. /ag/ /ag/ /ag/

소리를 합해보자.

Watch the video files.

이제 동영상을 보자.

★★ 영상 보기 : Rhyme Time1

Part2_Lesson10_Rhyme Time1

What do you hear from the video?

이 영상에서 어떤 단어가 들렸어?

Hat, cat, pan, fan, frog, and log.

Great! Very good job!

좋아! 아주 잘했어!

★★ 영상 보기 : Rhyming Time2

Part2_Lesson10_Rhyme Time2

What do you hear from the video? 이 영상에서 어떤 단어가 들렸어?

Go, so, flow, blow, hug, and mug.

Great! Very good job! 좋아! 아주 잘했어!

What is a rhyme? 라임이 뭘까?

Same ending sounds. 끝소리가 같은 것.

That's right. 맞아.

Rhyming words are words that make the same ending sound. 끝소리가 같은 단어들을 Rhyming word, 라임이 같은 단어라고 해.

Rhyming words with short vowel a sound:
-am: ham / jam
-an: fan / pan
-at: cat / rat
-ap: cap / map
-ag: bag / tag

Let's learn rhyming words with short vowel a sound. 단모음 a를 포함한 rhyming word를 배워보자.

★★ CVC a와 m 카드를 동시에 보여주며

/a/ /m/ /a/ /m/ /a/ /m/
/am/ /am/ /am/ /am/ /am/ /am/
Let's blend the sounds. /am/ /am/ /am/ 소리를 합해보자.

I have some words with /am/ sound. /am/ 소리로 끝나는 단어가 있어.

★★ CVC C에 h 카드를 V에 a 카드를, C에 m 카드를 동시에 보여주며

/h/ /am/ /h/ /am/ /h/ /am/

Let's blend the sounds. /ham/ /ham/ /ham/ 소리를 합해보자.

★★ CVC C에 j 카드를 V에 a 카드를, C에 m 카드를 동시에 보여주며

/j/ /am/ /j/ /am/ /j/ /am/

Let's blend the sounds. /jam/ /jam/ /jam/ 소리를 합해보자.

★★ CVC a와 n 카드를 동시에 보여주며

/a/ /n/ /a/ /n/ /a/ /n/

/an/ /an/ /an/ /an/ /an/ /an/

Let's blend the sounds. /an/ /an/ /an/ 소리를 합해보자.

I have some words with /an/ sound. /an/ 소리로 끝나는 단어가 있어.

★★ CVC C에 c 카드를 V에 a 카드를, C에 n 카드를 동시에 보여주며

/f/ /an/ /f/ /an/ /f/ /an/

Let's blend the sounds. /fan/ /fan/ /fan/ 소리를 합해보자.

★★ CVC C에 p 카드를 V에 a 카드를, C에 n 카드를 동시에 보여주며

★★ pan 반복

★★ CVC a와 t 카드를 동시에 보여주며

/a/ /t/ /a/ /t/ /a/ /t/

/at/ /at/ /at/ /at/ /at/ /at/

Let's blend the sounds. /at/ /at/ /at/

소리를 합해보자.

I have some words with /at/ sound.

/at/ 소리로 끝나는 단어가 있어.

★★ CVC C에 c 카드를 V에 a 카드를, C에 t 카드를 동시에 보여주며

/c/ /at/ /c/ /at/ /c/ /at/

Let's blend the sounds. /cat/ /cat/ /cat/

소리를 합해보자.

★★ CVC C에 r 카드를 V에 a 카드를, C에 t 카드를 동시에 보여주며

★★ rat 반복

★★ CVC a와 p 카드를 동시에 보여주며

/a/ /p/ /a/ /p/ /a/ /p/

/ap/ /ap/ /ap/ /ap/ /ap/ /ap/

Let's blend the sounds. /ap/ /ap/ /ap/

소리를 합해보자.

I have some words with /ap/ sound.

/ap/ 소리로 끝나는 단어가 있어.

★★ CVC C에 c 카드를 V에 a 카드를, C에 p 카드를 동시에 보여주며

/c/ /ap/ /c/ /ap/ /c/ /ap/

Let's blend the sounds. /cap/ /cap/ /cap/

소리를 합해보자.

★★ CVC C에 m 카드를 V에 a 카드를, C에 p 카드를 동시에 보여주며
★★ map 반복

★★ CVC a와 g 카드를 동시에 보여주며

/a/ /g/ /a/ /g/ /a/ /g/
/ag/ /ag/ /ag/ /ag/ /ag/ /ag/

Let's blend the sounds. */ag/ /ag/ /ag/* — 소리를 합해보자.

I have some words with */ag/* sound. — /ag/ 소리로 끝나는 단어가 있어.

★★ CVC C에 b 카드를 V에 a 카드를, C에 g 카드를 동시에 보여주며

/b/ /ag/ /b/ /ag/ /b/ /ag/

Let's blend the sounds. */bag/ /bag/ /bag/* — 소리를 합해보자.

★★ CVC C에 t 카드를 V에 a 카드를, C에 g 카드를 동시에 보여주며
★★ tag 반복

Listening

Listen to the short vowel a song. — 단모음 a song을 들어보자.

★ 영상 보기 : A song(short vowel a 들어간 단어 연속 읽기

Part2_Lesson10_Short Vowel a

What do you hear from this song? — 이 노래에서 무얼 들었니?

Hat, cat, sat, flat, man, and fan.

Great! Very good job! — 아주 잘했어!

Reading

★★ Pre K 레벨의 리더스북을 읽으면서 아이 스스로 today's letters를 찾는 시간을 갖는다.
★★ 교재 : 〈Now I'm Reading〉 시리즈 Level 1 'FAT CAT' 활용
★★ 책 표지를 보여주며

Look at the cover. 표지를 봐.

What do you see? 뭐가 보이니?

Cat.

1 Good job! 잘했어!

★★ 책을 펼치며

I'm going to read this book. 이 책을 읽어줄게.

Listen carefully. 잘 들어봐.

★★ 책 전체를 읽어준다.

★★ 다시 책 첫 페이지를 펼치며

2 When I point to a word, let's read it together. 단어를 가리키면, 그 단어를 같이 읽어보자.

★★ cat, fat 등 단모음 a를 포함하는 단어를 읽어본다.

★★ 다시 책 첫 페이지를 펼치며

3 When you see the word that has short vowel 'a', read it. 단모음 a를 포함하는 단어를 보면, 그 단어를 읽어봐.

★★ 다시 책 첫 페이지를 펼치며

4 If you find the word that has short vowel 'a', circle the word. 단모음 a를 포함하는 단어를 찾으면 동그라미 하렴.

★★ 다른 책에서 1~4를 반복한다.(단모음 a 연습)

Closing

Practice today's conversation expressions

★★ 빈 상자를 들고 손 유희를 보여준다.
(안)in, (위, 상자가 닿도록)on, (아래)under, (위, 상자가 닿지 않게) over, (앞)in front, (뒤)behind

Look at my hand and answer the question.

손을 보고 질문에 대답해.

★★ 상자 안을 가리키며

Where is the monkey?

It is in the box.

★★ 상자 위를 가리키며(손이 상자에 닿도록)

Where is the monkey?

It is on the box.

★★ 상자 아래를 가리키며

Where is the monkey?

It is under the box.

★★ 상자 위를 가리키며(손이 상자에 닿지 않도록)

Where is the monkey?

It is over the box.

★★ 상자 앞을 가리키며

Where is the monkey?

It is in front of the box.

★★ 상자 뒤를 가리키며

Where is the monkey?

It is behind the box.

Review today's letter sounds

Let's sing short vowel a chant. 단모음 a의 챈트를 불러보자.

a makes a short sound /a/ /a/ ham.
a makes a short sound /a/ /a/ cap.
a makes a short sound /a/ /a/ tan.
a makes a short sound /a/ /a/ rat.

See you again next time. 다음 시간에 또 만나자.

Bye. 안녕.

Lesson

11 Short Vowel e, i와 시간을 묻는 표현

목표

- 단모음 e와 i의 음소를 인식하고 듣고 읽을 수 있다.
- 숫자 1부터 20까지 듣고 말할 수 있다.
- 시간을 묻는 표현으로 간단한 질의응답을 할 수 있다.

준비물

- □ 집중할 수 있는 시간 단 30분
- □ 알파벳 카드, CVC 카드, 동영상, 리더스북, 장난감 시계
  - 알파벳 카드는 아래에서 다운받아 활용하세요.
    한빛라이프 홈페이지 www.hanbit.co.kr/life→자료실
  - CVC 카드 만드는 방법은 168쪽을 참고하세요.

이렇게 공부해요

Warming up(3분) : Love Grows One by One 노래 부르기
Single Letter Sounds 챈트 부르기
Opening(7분) :
Today's Letters: Short Vowel e, i
Today's Conversation Expressions: What time is it now?
Body(15분) :
Short Vowel Sound e, i: 단모음 e, i의 CVC 패턴 이해
Rhyming words with short vowel e sound:
ed: bed / wed, eg: leg / peg, en: den / hen, et: pet / wet
Rhyming words with short vowel i sound:
ib: bib / rib, ig: pig / big, in: bin / win, ix: six / fix
Listening : 동영상을 활용해 letter-sound 반복 청취
Reading : Pre K 레벨의 쉬운 리더스북 읽기, 〈Now I'm Reading〉 시리즈 Level 1을 활용해 아이 스스로 today's letters를 찾는 시간을 갖는다.
-〈Now I'm Reading〉 시리즈 Level1 'WET LEGS' 활용
Closing(5분) : Review today's letter sounds and today's conversation expressions

Hello. How are you today?

안녕, 오늘 기분이 어떠니?

I'm fine.

좋아요.

Good. Let me begin.

좋아. 시작하자.

Warming up

Let's sing and dance.

노래하며 춤추자.

★★ 'Love Grows One by One' 노래와 율동으로 수업 시작을 알린다.

Let's sing single letter sounds chant.

Single Letter Sounds 챈트를 해보자.

a /a/ apple, **b** /b/ book, **c** /k/ cat,
d /d/ dog,
e /e/ elephant, **f** /f/ fish, **g** /g/ gorilla,
h /h/ hat, **i** /i/ igloo, **j** /j/ juice, **k** /k/ king,
l /l/ lion, **m** /m/ moon, **n** /n/ nut,
o /o/ ostrich, **p** /p/ pig,
qu /kw/ queen, **r** /r/ rabbit, **s** /s/ sun,
t /t/ tiger, **u** /u/ umbrella, **v** /v/ violin,
w /w/ watch, **x** /ks/ box, **y** /y/ yo-yo,
z /z/ zebra

Opening

Today's Letters:
Short Vowel e, i

★★ CVC V에 e 카드를 보여주며

Listen carefully. /e/ /e/ /e/	잘 들어봐.
What letter is it?	이 글자는 뭘까?
e	e예요.
It makes a sound. /e/ /e/ /e/	e는 /e/ /e/ /e/ 소리가 나.
Let's say together. /e/ /e/ /e/	함께 말해보자.
Listen carefully. /d/ /d/ /d/	잘 들어봐.

★★ CVC 두 번째 C에 d 카드를 보여주며

What letter is it?	이 글자는 뭘까?
d	d예요.
It makes a sound. /d/ /d/ /d/	d는 /d/ /d/ /d/ 소리가 나.
Let's say together. /d/ /d/ /d/	함께 말해보자.
Let's blend the sounds.	소리를 합해보자.

★★ CVC e와 d 카드를 동시에 보여주며

/e/ /d/ /e/ /d/ /e/ /d/

/ed/ /ed/ /ed/ /ed/ /ed/ /ed/

Let's say together. /ed/ /ed/ /ed/	함께 말해보자.

★★ i, b 반복 : CVC V에 i, 두 번째 C에 b 카드를 보여주며 같은 과정을 반복한다.

Watch these video files.	다음 동영상을 보자.

★ 영상 보기 : What time is it?

Part2_Lesson11_What time is it? 시간 물음

What do you hear from the video? 영상에서 무얼 들었니?

Time, one, two, three, and four.

Great! Very good job! 좋아! 아주 잘했어!

★ 영상 보기 : Numbers help me count 1–20

Part2_Lesson11_Numbers 1–20

What do you hear from the video? 영상에서 무얼 들었니?

One, two, three, four, five, six, seven, eight, nine, ten, eleven, twelve, thirteen, fourteen, fifteen, sixteen, seventeen, eighteen, nineteen, twenty, and number.

Great! Very good job! 좋아! 아주 잘했어!

Body

Today's Letters:
Short Vowel e, i

★★ CVC e 와 d 카드를 동시에 보여주며

/e/ /d/ /e/ /d/ /e/ /d/

/ed/ /ed/ /ed/ /ed/ /ed/ /ed/

Let's blend the sounds. /ed/ /ed/ /ed/ 소리를 합해보자.

★★ CVC e 와 g 카드를 동시에 보여주며

/e/ /g/ /e/ /g/ /e/ /g/
/eg/ /eg/ /eg/ /eg/ /eg/ /eg/
Let's blend the sounds. /eg/ /eg/ /eg/

소리를 합해보자.

★★ CVC e 와 n 카드를 동시에 보여주며

/e/ /n/ /e/ /n/ /e/ /n/
/en/ /en/ /en/ /en/ /en/ /en/
Let's blend the sounds. /en/ /en/ /en/

소리를 합해보자.

★★ CVC e 와 t 카드를 동시에 보여주며

/e/ /t/ /e/ /t/ /e/ /t/
/et/ /et/ /et/ /et/ /et/ /et/
Let's blend the sounds. /et/ /et/ /et/

소리를 합해보자.

★★ –ib / –ig / –in / –ix 반복

Rhyming words with short vowel e sound:
-ed : bed / wed
-eg : leg / peg
-en : den / hen
-et : pet / wet

Let's learn rhyming words with short vowel e sound.

단모음 e를 포함한 rhyming words를 배워보자.

★★ CVC e와 d 카드를 동시에 보여주며

/e/ /d/ /e/ /d/ /e/ /d/
/ed/ /ed/ /ed/ /ed/ /ed/ /ed/
Let's blend the sounds. /ed/ /ed/ /ed/

소리를 합해보자.

I have some words with /ed/ sound.

/ed/ 소리로 끝나는 단어가 있어.

★★ CVC C에 b 카드를, V에 e 카드를, C에 d 카드를 동시에 보여주며

/b/ /ed/ /b/ /ed/ /b/ /ed/

Let's blend the sounds. /bed/ /bed/ /bed/

소리를 합해보자.

★★ CVC C에 w 카드를, V에 e 카드를, C에 d 카드를 동시에 보여주며

/w/ /ed/ /w/ /ed/ /w/ /ed/

Let's blend the sounds. /wed/ /wed/ /wed/

소리를 합해보자.

★★ 반복한다.
–eg : leg/peg
–en : den/hen
–et : pet/wet

Rhyming words with short vowel i sound:
-ib : bib / rib
-ig : pig / big
-in : bin / win
-ix : six / fix

★★ CVC i와 b 카드를 동시에 보여주며

/i/ /b/ /i/ /b/ /i/ /b/

/ib/ /ib/ /ib/ /ib/ /ib/ /ib/

Let's blend the sounds. /ib/ /ib/ /ib/ 소리를 합해보자.

I have some words with /ib/ sound. /ib/ 소리로 끝나는 단어가 있어.

★★ CVC C에 b 카드를, V에 i 카드를, C에 b 카드를 동시에 보여주며

/b/ /ib/ /b/ /ib/ /b/ /ib/

Let's blend the sounds. /bib/ /bib/ /bib/ 소리를 합해보자.

★★ CVC C에 r 카드를, V에 i 카드를, C에 b 카드를 동시에 보여주며

/r/ /ib/ /r/ /ib/ /r/ /ib/

Let's blend the sounds. /rib/ /rib/ /rib/ 소리를 합해보자.

★★ 반복한다.
–ig : pig / big
–it : bin / win
–ix : six / fix

Listening

Listen to the short vowel e song. 단모음 e song을 들어보자.

★ 영상 보기 : Short vowel e

Part2_Lesson11_Short Vowel e

What do you hear from the song? 노래에서 무얼 들었니?

Let, get, bed, Ted, wet, and pen.

Great! Very good job! 좋아! 아주 잘했어!

Listen to the short vowel i song. 단모음 i song을 들어보자.

★ 영상 보기 : Short vowel i

Part2_Lesson11_Short Vowel i

What do you hear from the song? 노래에서 무얼 들었니?

Big, pig, dig, jig, and fig.

Great! Very good job! 좋아! 아주 잘했어!

Reading

★★ Pre K 레벨의 리더스북을 읽으면서 아이 스스로 today's letters를 찾는 시간을 갖는다.
★★ 교재 : 〈Now I'm Reading〉 시리즈 Level1 'WET LEGS' 활용

★★ 책 표지를 보여주며

1 Look at the cover. 표지를 봐.

What do you see? 뭐가 보이니?

Legs.

Good job! 잘했어!

★★ 책을 펼치며

I'm going to read this book. 이 책을 읽어줄게.

Listen carefully. 잘 들어봐.

★★ 책 전체를 읽어준다.

★★ 다시 책 첫 페이지를 펼치며

2 When I point to a word, let's read it together. 단어를 가리키면, 그 단어를 같이 읽어보자.

★★ 단모음 e를 포함하는 단어를 먼저 읽고, 아이가 따라 읽을 수 있도록 유도한다.

Lesson 11

★★ 다시 책 첫 페이지를 펼치며

3 When you see the word that has short vowel 'e', read it.

단모음 e를 포함하는 단어를 보면, 그 단어를 읽어봐.

★★ 다시 책 첫 페이지를 펼치며

4 If you find the word that has short vowel 'e', circle the word.

단모음 e를 포함하는 단어를 찾으면 동그라미 하렴.

★★ 같은 책에서 단모음 i 2~4를 반복, 혹은 다른 책에서 단모음 i 1~4를 반복한다.

Closing

Practice today's conversation expressions

Look at the toy clock and answer the question.

장난감 시계를 보고 질문에 대답해.

★★ 1시를 나타내며

What time is it now?

It is one o'clock.

★★ 2시를 나타내며

What time is it now?

It is two o'clock.

★★ 3시를 나타내며

What time is it now?

It is three o'clock.

★★ 4시를 나타내며

What time is it now?

It is four o'clock.

★★ 5시를 나타내며

What time is it now?

It is five o'clock.

★★ 6시를 나타내며

What time is it now?

It is six o'clock.

★★ 7시를 나타내며

What time is it now?

It is seven o'clock.

★★ 8시를 나타내며

What time is it now?

It is eight o'clock.

★★ 9시를 나타내며

What time is it now?

It is nine o'clock.

★★ 10시를 나타내며

What time is it now?

It is ten o'clock.

★★ 11시를 나타내며

What time is it now?

It is eleven o'clock.

★★ 12시를 나타내며

What time is it now?

It is twelve o'clock.

Review today's letter sounds

Let's sing short vowel e chant. 단모음 e 챈트를 불러보자.

e makes a short sound /e/ /e/ bed.
e makes a short sound /e/ /e/ leg.
e makes a short sound /e/ /e/ hen.
e makes a short sound /e/ /e/ wet.

Let's sing short vowel i chant. 단모음 i 챈트를 불러보자.

i makes a short sound /i/ /i/ bib.
i makes a short sound /i/ /i/ pig.
i makes a short sound /i/ /i/ win.
i makes a short sound /i/ /i/ fix.

See you again next time. 다음 시간에 또 만나자.

Bye. 안녕.

Lesson 12

Short Vowel o, u와 단모음 정리

목표

- 단모음 o와 u의 음소를 인식하고 듣고 읽을 수 있다.
- 단모음 a, e, i, o, u를 구분해서 사용할 수 있다.

준비물

- □ 집중할 수 있는 시간 단 30분
- □ 알파벳 카드, CVC 카드, 동영상, 파닉스 리더스북, 단모음 정리용 워크시트
  - 알파벳 카드는 아래에서 다운받아 활용하세요.
    한빛라이프 홈페이지 www.hanbit.co.kr/life→자료실
  - CVC 카드 만드는 방법은 168쪽을 참고하세요.
  - 단어 찾기 게임 그림판은 아래 사이트를 참고해서 활용하세요.
    www.mamaslearningcorner.com/short-vowel-cvc-word-search-printables

이렇게 공부해요

Warming up(3분) : Love Grows One by One 노래 부르기

Single Letter Sounds 챈트 부르기

Opening(2분) :

Today's Letters : Short Vowel o, u

Today's Game : Short Vowel Word Searches

Body(15분) :

Short Vowel Sound o, u : 단모음 o, u의 CVC 패턴 이해

Rhyming words with short vowel o sound :

–og: dog / log, –op: hop / top, –ot: pot / hot, –ox: fox / box

Rhyming words with short vowel u sound :

–ug: mug / rug, –um: tum / yum, –un: sun / fun, –ut: nut / cut

Listening : 동영상을 활용해 letter–sound 반복 청취

Reading : Pre K 레벨의 쉬운 리더스북 읽기, 〈Now I'm Reading〉 시리즈 Level 1을 활용해 아이 스스로 today's letters를 찾는 시간을 갖는다.

–〈Now I'm Reading〉 시리즈 Level1 'HOT DOG' 활용

Closing(10분) : Review today's letter sounds and today's game

Hello. How are you today? 안녕, 오늘 기분이 어떠니?

I'm fine. 좋아요.

Good. Let me begin. 좋아. 시작하자.

Warming up

Let's sing and dance. 노래하며 춤추자.

★★ 'Love Grows One by One' 노래와 율동으로 수업 시작을 알린다.

Let's sing single letter sounds chant. 알파벳 챈트를 불러보자.

a /a/ apple, **b** /b/ book, **c** /k/ cat,
d /d/ dog, **e** /e/ elephant, **f** /f/ fish,
g /g/ gorilla, **h** /h/ hat, **i** /i/ igloo,
j /j/ juice, **k** /k/ king,
l /l/ lion, **m** /m/ moon, **n** /n/ nut,
o /o/ ostrich, **p** /p/ pig,
qu /kw/ queen, **r** /r/ rabbit, **s** /s/ sun,
t /t/ tiger, **u** /u/ umbrella, **v** /v/ violin,
w /w/ watch, **x** /ks/ box, **y** /y/ yo-yo,
z /z/ zebra

Opening

Today's Letters: Short Vowel o, u

★★ CVC V에 o 카드를 보여주며

Listen carefully. /o/ /o/ /o/	잘 들어봐.
What letter is it?	이 글자는 뭘까?
o	o예요.
It makes a sound. /o/ /o/ /o/	o는 /o/ /o/ /o/ 소리가 나.
Let's say together. /o/ /o/ /o/	함께 말해보자.
Listen carefully. /g/ /g/ /g/	잘 들어봐.

★★ CVC 두 번째 C에 g 카드를 보여주며

What letter is it?	이 글자는 뭘까?
g	g예요.
It makes a sound. /g/ /g/ /g/	g는 /g/ /g/ /g/ 소리가 나.
Let's say together. /g/ /g/ /g/	함께 말해보자.
Let's blend the sounds.	소리를 합해보자.

★★ CVC o와 g 카드를 동시에 보여주며

/o/ /g/ /o/ /g/ /o/ /g/
/og/ /og/ /og/ /og/ /og/ /og/

Let's say together. /og/ /og/ /og/	함께 말해보자.

★★ u, g 반복

★★ 워크시트를 보여주며

We are going to play fun games with these sheets.	이 워크시트로 재미있는 게임을 할 거야.

Lesson 12

Body

Today's Letters:
Short Vowel o, u

★★ CVC o와 g 카드를 동시에 보여주며

/o/ /g/ /o/ /g/ /o/ /g/
/og/ /og/ /og/ /og/ /og/ /og/
Let's say together. /og/ /og/ /og/

함께 말해보자.

★★ CVC o와 p 카드를 동시에 보여주며

/o/ /p/ /o/ /p/ /o/ /p/
/op/ /op/ /op/ /op/ /op/ /op/
Let's say together. /op/ /op/ /op/

함께 말해보자.

★★ CVC o와 t 카드를 동시에 보여주며

/o/ /t/ /o/ /t/ /o/ /t/
/ot/ /ot/ /ot/ /ot/ /ot/ /ot/
Let's say together. /ot/ /ot/ /ot/

함께 말해보자.

★★ CVC o와 x 카드를 동시에 보여주며

/o/ /x/ /o/ /x/ /o/ /x/
/ox/ /ox/ /ox/ /ox/ /ox/ /ox/
Let's say together. /ox/ /ox/ /ox/

함께 말해보자.

★★ 반복 –ug / –um / –un/ –ut

Rhyming words with short vowel o sound:
-og: dog / log
-op: hop / top
-ot: pot / hot
-ox: fox / box

Let's learn rhyming words with short vowel o sound.

단모음 o를 포함한 rhyming word를 배워보자.

★★ CVC o와 g 카드를 동시에 보여주며

/o/ /g/ /o/ /g/ /o/ /g/
/og/ /og/ /og/ /og/ /og/ /og/
Let's say together. /og/ /og/ /og/

함께 말해보자.

I have some words with /og/ sound.

/og/ 소리로 끝나는 단어가 있어.

★★ CVC C에 d 카드를, V에 o 카드를, C에 g 카드를 동시에 보여주며

/d/ /og/ /d/ /og/ /d/ /og/
Let's blend the sounds. /dog/ /dog/ /dog/

소리를 합해보자.

★★ CVC C에 l 카드를, V에 o 카드를, C에 g 카드를 동시에 보여주며

/l/ /og/ /l/ /og/ /l/ /og/
Let's blend the sounds. /log/ /log/ /log/

소리를 합해보자.

★★ 반복한다.
–op : hop/top
–ot : pot/hot
–ox : fox/box

Rhyming words with short vowel u sound:
-ug : mug / rug
-um : tum / yum
-un : sun / fun
-ut : nut / cut

★★ CVC u와 g 카드를 동시에 보여주며

/u/ /g/ /u/ /g/ /u/ /g/
/ug/ /ug/ /ug/ /ug/ /ug/ /ug/
Let's say together. /ug/ /ug/ /ug/

함께 말해보자.

I have some words with /ug/ sound.

/ug/ 소리로 끝나는 단어가 있어.

★★ CVC C에 m 카드를, V에 u 카드를, C에 g 카드를 동시에 보여주며

/m/ /ug/ /m/ /ug/ /m/ /ug/
Let's blend the sounds. /mug/ /mug/ /mug/

소리를 합해보자.

★★ CVC C에 r 카드를, V에 u 카드를, C에 g 카드를 동시에 보여주며

/r/ /ug/ /r/ /ug/ /r/ /ug/
Let's blend the sounds. /rug/ /rug/ /rug/

소리를 합해보자.

★★ 반복한다.
–um : tum / yum
–un : sun / fun
–ut : nut / cut

Listening

Listen to the short vowel o song.

단모음 o song을 들어보자.

★ 영상 보기 : Short vowel o

Part2_Lesson12_Short Vowel o

What do you hear from the song? 노래에서 무얼 들었니?

Top, mop, pop, box, fox, and ox.

Great! Very good job! 좋아! 아주 잘했어!

Listen to the short vowel u song. 단모음 u song을 들어보자.

★ 영상 보기 : Short vowel u

Part2_Lesson12_Short Vowel u

What do you hear from the song? 노래에서 무얼 들었니?

Bug, nut, sun, hut, bus, cup, rug, and gum.

Great! Very good job! 좋아! 아주 잘했어!

Reading

★★ Pre K 레벨의 리더스북을 읽으면서 아이 스스로 today's letters를 찾는 시간을 갖는다.
★★ 교재 : 〈Now I'm Reading〉 시리즈 Level1 'HOT DOG' 활용
★★ 책 표지를 보여주며

Look at the cover. 표지를 봐.

What do you see? 뭐가 보이니?

Dog.

Good job! 잘했어!

★★ 책을 펼치며

1 I'm going to read this book. — 이 책을 읽어줄게.

Listen carefully. — 잘 들어봐.

★★ 책 전체를 읽어준다.

★★ 다시 책 첫 페이지를 펼치며

2 When I point to a word, let's read it together. — 단어를 가리키면, 그 단어를 같이 읽어보자.

★★ 단모음 o를 포함하는 단어를 찾아 함께 읽어본다.

★★ 다시 책 첫 페이지를 펼치며

3 When you see the word that has short vowel 'o', read it. — 단모음 o를 포함하는 단어를 보면, 그 단어를 읽어봐.

★★ 다시 책 첫 페이지를 펼치며

4 If you find the word that has short vowel 'o', circle the word. — 단모음 o를 포함하는 단어를 찾으면 동그라미 하렴.

★★ 같은 책에서 단모음 u 2~4를 반복, 혹은 다른 책에서 단모음 u 1~4를 반복한다.

Closing

Review today's letter sounds

Let's sing short vowel o chant. — 단모음 o 챈트를 불러보자.

o makes a short sound /o/ /o/ dog.
o makes a short sound /o/ /o/ top.
o makes a short sound /o/ /o/ hot.
o makes a short sound /o/ /o/ fox.

Let's sing short vowel u chant. 단모음 u 챈트를 불러보자.

u makes a short sound /u/ /u/ mug.
u makes a short sound /u/ /u/ yum.
u makes a short sound /u/ /u/ sun.
u makes a short sound /u/ /u/ nut.

Let's sing short vowel sounds chant. 단모음 챈트를 불러보자.

a makes a short sound /a/ /a/ cat.
e makes a short sound /e/ /e/ pet.
i makes a short sound /i/ /i/ pig.
o makes a short sound /o/ /o/ hot.
u makes a short sound /u/ /u/ sun.

Today's Game:
Short Vowel Word Searches

It's time to play word searches! 단어 찾기 게임을 할 시간이야.

★★ 단어 찾기 게임판을 보여준다.

Game Instructions :
Scan the word list on the left side.
Search for the words on the right side.
Find and circle the words with a pencil.
Mark the words you find on the left side.
Continue until you find all the words.

게임 설명 :
왼쪽 단어 리스트를 잘 봐.
오른쪽 상자에서 단어를 찾는 거야.
단어를 찾았으면 연필로 동그라미를 그려.
왼쪽 리스트에서 찾은 단어를 표시해.
단어를 다 찾을 때까지 계속해.

Are you ready? Start!

준비됐니? 시작!

See you again next time.

다음 시간에 또 만나자.

Bye.

안녕.

Lesson 13

Long Vowel a와 Yes/No 의문문(일반동사)

목표

- 장모음 a의 음소를 인식하고 듣고 읽을 수 있다.
- super e/magic e/silent e의 개념을 이해할 수 있다.
- 동사 like를 사용해 간단한 질문을 만들고 Yes 또는 No로 응답할 수 있다.

준비물

- □ 집중할 수 있는 시간 단 30분
- □ 알파벳 카드, VCe 카드, 동영상, 파닉스 리더스북, 간식(사탕, 초콜릿, 바나나, 사과 등)
  - 알파벳 카드는 아래에서 다운받아 활용하세요.
    한빛라이프 홈페이지 www.hanbit.co.kr/life→자료실
  - VCe 카드 : 장모음의 V(모음)–C(자음)–super e 패턴 이해를 돕는 카드
    VCe 카드를 만드는 방법은 168쪽을 참고하세요.

이렇게 공부해요

Warming up(3분) :

Love Grows One by One 노래 부르기

Single Letter Sounds 챈트 부르기

Short Vowel Sounds 챈트 부르기

Opening(7분) :

Today's Letters : Long Vowel a

Today's Conversation Expressions:

Q : Do you like it?

A : Yes, I do. No, I don't.

Body(15분) :

Long Vowel Sound a : 장모음 a의 VCe 패턴 이해

Rhyming words with long vowel a sound :

–ape: cape / tape, –ake: cake / bake, –ale: male / tale, –ate: date / late

Listening : 동영상을 활용해 letter–sound 반복 청취

Reading : Pre K 레벨의 쉬운 리더스북 읽기, 〈Now I'm Reading〉 시리즈 Level 2 활용해

아이 스스로 today's letters를 찾는 시간을 갖는다.

– 〈Now I'm Reading〉 시리즈 Level 2 'APE DATE' 활용

Closing(10분) :

Review today's letter sounds and today's conversation expressions

Hello. How are you today?
안녕, 오늘 기분이 어떠니?

I'm fine.
좋아요.

Good. Let me begin.
좋아. 시작하자.

Warming up

Let's sing and dance.
노래하며 춤추자.

★★ 'Love Grows One by One' 노래와 율동으로 수업 시작을 알린다.

Let's sing single letter sounds chant.
알파벳 챈트를 불러보자.

a /a/ apple, **b** /b/ book, **c** /k/ cat,
d /d/ dog, **e** /e/ elephant, **f** /f/ fish,
g /g/ gorilla, **h** /h/ hat, **i** /i/ igloo,
j /j/ juice, **k** /k/ king,
l /l/ lion, **m** /m/ moon, **n** /n/ nut,
o /o/ ostrich, **p** /p/ pig,
qu /kw/ queen, **r** /r/ rabbit, **s** /s/ sun,
t /t/ tiger, **u** /u/ umbrella, **v** /v/ violin,
w /w/ watch, **x** /ks/ box, **y** /y/ yo-yo,
z /z/ zebra

Let's sing short vowel sounds chant.
단모음 챈트를 해보자.

a makes a short sound /a/ /a/ cat.
e makes a short sound /e/ /e/ pet.
i makes a short sound /i/ /i/ pig.
o makes a short sound /o/ /o/ hot.
u makes a short sound /u/ /u/ sun.

Opening

Today's Letters:
Long Vowel a

Listen carefully. /a/ /a/ /a/	잘 들어봐. /a/ /a/ /a/
★★ VCe V에 a 카드를 보여주며	
What letter is it?	이 글자는 뭘까?
a	a예요.
It makes a sound. /a/ /a/ /a/	a는 /a/ /a/ /a/ 소리가 나.
★★ VCe C에 p 카드를 보여주며	
Listen carefully. /p/ /p/ /p/	잘 들어봐. /p/ /p/ /p/
What letter is it?	이 글자가 뭘까?
p	p예요.
Let's blend the sounds.	소리를 합해보자.
★★ VCe a와 p 카드를 동시에 보여주며	
/a/ /p/ /a/ /p/ /a/ /p/ */ap/ /ap/ /ap/ /ap/ /ap/ /ap/*	
★★ VCe e 카드를 보여주며	
This e is super e.	이 e는 super e야.
Super e is magic e or silent e.	super e는 magic e나 silent e라고도 해.
Super e makes vowels say their name.	super e는 모음을 알파벳 이름으로 소리 나게 해.

What letter is it? | 이 글자가 뭘까?

a | e예요.

Super e makes a say its name /ā/. | super e는 a를 /ā/라고 소리 나게 만들어.

★★ VCe V에 a 카드를, e에 e 카드를 동시에 보여주며

/ā/ /ā/ /ā/ /ā/ /ā/ /ā/

Let's say together. /ā/ /ā/ /ā/ | 함께 말해보자. /ā/ /ā/ /ā/

★★ VCe V에 a 카드를, C에 p 카드를, e에 e 카드를 동시에 보여주며

Let's blend the sounds. | 소리를 합해보자.

/ā/ /p/ /ā/ /p/ /ā/ /p/

/āp/ /āp/ /āp/ /āp/ /āp/ /āp/

Today's Conversation Expressions:

-Do you like it?

-Yes, I do.

-No, I don't.

Watch the video file. | 동영상을 보자.

★★ 영상 보기 : Do you like it song

Part2_Lesson13_Do you like it Song

What do you hear from the video? | 영상에서 무얼 들었니?

Do you like it?

Yes, I do. No, I don't.

Great! Very good job! | 좋아! 아주 잘했어!

Body

Today's Letters: Long Vowel a

Watch the video file.

동영상을 보자.

★★ 영상 보기 : Long vowel a 1

Part2_Lesson13_Long Vowel a1

What do you hear from the video?

이 영상에서 어떤 단어가 들렸어?

Super e.

Great! Very good job!

좋아! 아주 잘했어!

Super e makes a say its name /ā/.

super e는 a를 /ā/라고 소리 나게 해.

★★ VCe V에 a 카드를 e에 e 카드를 동시에 보여주며

/ā/ /ā/ /ā/ /ā/ /ā/ /ā/

Let's say together. /ā/ /ā/ /ā/

함께 말해보자.

★★ VCe V에 a 카드를, C에 p 카드를, e에 e 카드를 동시에 보여주며

Let's blend the sounds.

소리를 합해보자.

/ā/ /p/ /ā/ /p/ /ā/ /p/

/āp/ /āp/ /āp/ /āp/ /āp/ /āp/

★★ VCe V에 a 카드를, C에 k 카드를, e에 e 카드를 동시에 보여주며

Let's blend the sounds. /ā/ /k/ /ā/ /k/ /ā/ /k/

소리를 합해보자.

★★ VCe V에 a 카드를, C에 l 카드를, e에 e 카드를 동시에 보여주며

Let's blend the sounds. /ā/ /l/ /ā/ /l/ /ā/ /l/

소리를 합해보자.

★★ VCe V에 a 카드를, C에 t 카드를, e에 e 카드를 동시에 보여주며

Let's blend the sounds. /ā/ /t/ /ā/ /t/ /ā/ /t/

소리를 합해보자.

Rhyming words with long vowel a sound:
-ape : cape / tape
-ake : cake / bake
-ale : male / tale
-ate : date / late

★★ VCe V에 a 카드를, C에 p 카드를, e에 e 카드를 동시에 보여주며

Let's blend the sounds.
/ā/ /p/ /ā/ /p/ /ā/ /p/

소리를 합해보자.

I have some words with /āp/ sound.

/āp/ 소리로 끝나는 단어가 있어.

★★ c 카드와 ★★ VCe V에 a 카드를, C에 p 카드를, e에 e 카드를 동시에 보여주며

/k/ /āp/ /k/ /āp/ /k/ /āp/ /k/ /āp/ /k/ /āp/ /k/ /āp/

/kāp/ /kāp/ /kāp/ /kāp/ /kāp/ /kāp/

Let's say together. /kāp/ /kāp/ /kāp/

함께 말해보자.

Lesson 13

★★ t 카드와 ★★ VCe V에 a 카드를, C에 p 카드를, e에 e 카드를 동시에 보여주며

/t/ /āp/ /t/ /āp/ /t/ /āp/ /t/ /āp/ /t/ /āp/ /t/ /āp/
/tāp/ /tāp/ /tāp/ /tāp/ /tāp/ /tāp/
Let's say together. /tāp/ /tāp/ /tāp/

함께 말해보자.

★★ 반복한다.
–ake : cake / bake
–ale : male / tale
–ate : date / late

Listening

Listen to the long vowel a song.

장모음 a song을 들어보자.

★★ 영상 보기 : Long vowel a 2

Part2_Lesson13_LongVowel_a2

What do you hear from the video?

영상에서 무얼 들었니?

Made, cape, fate, plane, name, and haze.

Great! Very good job!

좋아! 아주 잘했어!

Reading

★★ Pre K 레벨의 리더스북을 읽으면서 아이 스스로 today's letters를 찾는 시간을 갖는다.
★★ 교재 : 〈Now I'm Reading〉 시리즈 Level 2 'APE DATE' 활용
★★ 책 표지를 보여주며

Look at the cover. 표지를 봐.

What do you see? 뭐가 보이니?

Ape.

Good job! 잘했어!

★★ 책을 펼치며

1 I'm going to read this book. 이 책을 읽어줄게.

Listen carefully. 잘 들어 봐.

★★ 책 전체를 읽어준다.

★★ 다시 책 첫 페이지를 펼치며

2 When I point to a word, let's read it together. 단어를 가리키면, 그 단어를 같이 읽어보자.

★★ 장모음 a를 포함하는 단어를 찾아서 함께 읽는다.

★★ 다시 책 첫 페이지를 펼치며

3 When you see the word that has long vowel 'a', read it. 장모음 a를 포함하는 단어를 보면, 그 단어를 읽어 봐.

★★ 다시 책 첫 페이지를 펼치며

4 If you find the word that has long vowel '*a*', circle the word.

장모음 a를 포함하는 단어를 찾으면 동그라미 하렴.

★★ 다른 책에서 1~4를 반복한다.

Closing

Practice today's conversation expressions

★★ 바나나를 가리키며

Do you like it?

Yes, I do.

★★ 사과를 가리키며

Do you like it?

No, I don't.

★★ 사탕을 가리키며

Do you like it?

Yes, I do.

★★ 초콜릿을 가리키며

Do you like it?

No, I don't.

Review today's letter sounds

Let's sing long vowel a chant.

장모음 a 챈트를 불러보자.

a makes a long sound /ā/ /ā/ cake.
a makes a long sound /ā/ /ā/ tape.
a makes a long sound /ā/ /ā/ male.
a makes a long sound /ā/ /ā/ date.

See you again next time.

다음 시간에 또 만나자.

Bye.

안녕.

Lesson

14 Long Vowel i, o와 행동동사

목표

- 장모음 i와 o의 음소를 인식하고 듣고 읽을 수 있다.
- 행동동사의 개념을 이해하고 활용할 수 있다.
- 조동사 can을 사용해 간단한 질의응답을 할 수 있다.

준비물

□ 집중할 수 있는 시간 단 30분

□ 알파벳 카드, VCe 카드, 동영상, 파닉스 리더스북

- 알파벳 카드는 아래에서 다운받아 활용하세요.
  한빛라이프 홈페이지 www.hanbit.co.kr/life→자료실
- VCe 카드 만드는 방법은 168쪽을 참고하세요.

이렇게 공부해요

Warming up(3분) :

Love Grows One by One 노래 부르기

Single Letter Sounds 챈트 부르기

Short Vowel Sounds 챈트 부르기

Opening(7분) :

Today's Letters : Long Vowel i, o

Today's Conversation Expressions :

Q : What can you do?

A : I can run.

Body(15분) :

Long Vowel Sound i, o : 장모음 i와 o의 VCe 패턴 이해

Rhyming words with long vowel i sound :

–ime : time / lime, –ike : bike / hike, –ide : wide / side, –ine : nine / fine

Rhyming words with long vowel o sound:

–ope: hope / rope, –oke : joke / poke, –one : bone / tone, –ole : mole / hole

Listening : 동영상을 활용해 letter–sound 반복 청취

Reading : Pre K 레벨의 쉬운 리더스북 읽기, 〈Now I'm Reading〉 시리즈 Level 2를 활용해 아이 스스로 today's letters를 찾는 시간을 갖는다.

-〈Now I'm Reading〉 시리즈 Level 2 'MICE ON ICE' 활용

Closing(5분) :

Review today's letter sounds and today's conversation expressions

Hello. How are you today?	안녕. 오늘 기분이 어떠니?
I'm fine.	좋아요.
Good. Let me begin.	좋아. 시작하자.

Warming up

Let's sing and dance.	노래하며 춤추자.

★★ 'Love Grows One by One' 노래와 율동으로 수업 시작을 알린다.

Let's sing single letter sounds chant.	알파벳 챈트를 불러보자.

a /a/ apple, **b** /b/ book, **c** /k/ cat,
d /d/ dog, **e** /e/ elephant, **f** /f/ fish,
g /g/ gorilla, **h** /h/ hat, **i** /i/ igloo,
j /j/ juice, **k** /k/ king,
l /l/ lion, **m** /m/ moon, **n** /n/ nut,
o /o/ ostrich, **p** /p/ pig,
qu /kw/ queen, **r** /r/ rabbit, **s** /s/ sun,
t /t/ tiger, **u** /u/ umbrella, **v** /v/ violin,
w /w/ watch, **x** /ks/ box, **y** /y/ yo-yo,
z /z/ zebra

Let's sing short vowel sounds chant.	단모음 챈트를 해보자.

a makes a short sound /a/ /a/ cat.
e makes a short sound /e/ /e/ pet.
i makes a short sound /i/ /i/ pig.
o makes a short sound /o/ /o/ hot.
u makes a short sound /u/ /u/ sun.

Opening

Today's Letters: Long Vowel i, o

★★ VCe V에 i 카드를 보여주며

Listen carefully. /i/ /i/ /i/	잘 들어봐.
What letter is it?	이 글자는 뭘까?
i	i요.
It makes a sound. /i/ /i/ /i/	i는 /i/ /i/ /i/ 소리가 나.

★★ VCe C에 m 카드를 보여주며

Listen carefully. /m/ /m/ /m/	잘 들어봐.
What letter is it?	이 글자는 뭘까?
m	
Let's blend the sounds.	m이에요.

★★ VCe V에 i 카드와 C에 m 카드를 동시에 보여주며

/i/ /m/ /i/ /m/ /i/ /m/ /im/ /im/ /im/ /im/ /im/ /im/	소리를 합해보자.

★★ VCe e에 e 카드를 보여주며

This e is super e.	이 e는 super e야.
Super e makes vowels say their name.	super e는 모음을 알파벳 이름으로 소리 나게 만들어.

Lesson 14

★★ VCe카드 V자리의 i를 가리키며

What letter is it?

이 글자는 뭘까?

i

i예요.

Super e makes i say its name /ī/.

super e는 i를 /ī/라고 소리 나게 해.

★★ VCe i와 e 카드를 동시에 보여주며

/ī/ /ī/ /ī/ /ī/ /ī/ /ī/

Let's say together. /ī/ /ī/ /ī/

함께 말해보자.

★★ VCe V에 i 카드를, C에 m 카드를, e에 e 카드를 동시에 보여주며

Let's blend the sounds.

/ī/ /m/ /ī/ /m/ /ī/ /m/

/īm/ /īm/ /īm/ /īm/ /īm/ /īm/

소리를 합해보자.

★★ VCe V에 o 카드를 보여주며

Listen carefully. /o/ /o/ /o/

잘 들어봐.

What letter is it?

이 글자는 뭘까?

o

o예요.

It makes a sound. /o/ /o/ /o/

o는 /o/ /o/ /o/ 소리가 나.

★★ VCe C에 p 카드를 보여주며

Listen carefully. /p/ /p/ /p/

잘 들어봐.

What letter is it?

이 글자는 뭘까?

p

p예요.

Let's blend the sounds.

소리를 합해보자.

★★ VCe V에 o 카드와 C에 p 카드를 동시에 보여주며

/o/ /p/ /o/ /p/ /o/ /p/
/op/ /op/ /op/ /op/ /op/ /op/

★★ VCe e에 e 카드를 보여주며

This e is super e.	이 e는 super e야.
Super e makes vowels say their name.	super e는 모음을 알파벳 이름으로 소리 나게 해.
What letter is it?	이 글자는 뭘까?
o	o예요.

★★ VCe o와 e 카드를 동시에 보여주며

Super e makes o say its name /ō/.	super e는 o를 /ō/ 소리 나게 해.
/ō/ /ō/ /ō/ /ō/ /ō/ /ō/ Let's say together. /ō/ /ō/ /ō/	함께 말해보자.

★★ VCe V에 o 카드를, C에 p 카드를, e에 e 카드를 동시에 보여주며

Let's blend the sounds. /ō/ /p/ /ō/ /p/ /ō/ /p/ /ōp/ /ōp/ /ōp/ /ōp/ /ōp/ /ōp/	소리를 합해보자.

Today's Conversation Expressions:
Q : What can you do?
A : I can run.

Watch the video file.	동영상을 보자.

★★ 영상 보기 : Learn Action Verbs

Part2_Lesson14_Learn Action Verbs

What do you hear from the video?	영상에서 무얼 들었니?
Pull, push, punch, walk, run, spin, and swim.	
Great! Very good job!	좋아! 아주 잘했어!
Watch the video file.	동영상을 보자.

★★ 영상 보기 : What can you do Song

Part2_Lesson14_Action Verbs 2

What do you hear from the video?	영상에서 무얼 들었니?
What, can, do, climb, tree, catch, and ball.	
Great! Very good job!	좋아! 아주 잘했어!

Body

Today's Letters:
Long Vowel i, o

What letter is it?	이 글자는 뭘까?
i	i예요.
Super e makes i say its name /ī/.	super e는 i 를 /ī/라고 소리 나게 해.

★★ VCe V에 i와 e에 e 카드를 동시에 보여주며

/ī/ /ī/ /ī/ /ī/ /ī/ /ī/

Let's say together. /ī/ /ī/ /ī/

함께 말해보자.

★★ VCe V에 i 카드를, C에 m 카드를, e에 e 카드를 동시에 보여주며

Let's blend the sounds.

소리를 합해보자.

/ī/ /m/ /ī/ /m/ /ī/ /m/

/īm/ /īm/ /īm/ /īm/ /īm/ /īm/

★★ 반복한다. –ike / –ide / –ine

What letter is it?

이 글자는 뭘까?

o

o예요.

Super e makes o say its name /ō/.

super e는 o를 /ō/라고 소리 나게 해.

★★ VCe V에 o와 e에 e 카드를 동시에 보여주며

/ō/ /ō/ /ō/ /ō/ /ō/ /ō/

Let's say together. /ō/ /ō/ /ō/

함께해보자.

★★ VCe V에 o 카드를, C에 p 카드를, e에 e 카드를 동시에 보여주며

Let's blend the sounds.

소리를 합해보자.

/ō/ /p/ /ō/ /p/ /ō/ /p/

/ōp/ /ōp/ /ōp/ /ōp/ /ōp/ /ōp/

★★ 반복한다. –oke / –one / –ole

Rhyming words with long vowel i sound:

-ime : time / lim

-ike : bike / hike

-ide : wide / side

-ine : nine / fine

★★ VCe V에 i 카드를, C에 m 카드를, e에 e 카드를 동시에 보여주며

Let's blend the sounds.

/ī/ /m/ /ī/ /m/ /ī/ /m/

/īm/ /īm/ /īm/ /īm/ /īm/ /īm/

소리를 합해보자.

★★ t 카드와 VCe V에 i 카드를, C에 m 카드를, e에 e 카드를 동시에 보여주며

/t/ /īm/ /t/ /īm/ /t/ /īm/ /t/ /īm/

/tīm/ /tīm/ /tīm/ /tīm/ /tīm/ /tīm/

Let's say together. /tīm/ /tīm/ /tīm/

함께 말해보자.

★★ l 카드와 VCe V에 i 카드를, C에 m 카드를, e에 e 카드를 동시에 보여주며

/l/ /īm/ /l/ /īm/ /l/ /īm/ /l/ /īm/ /l/ /īm/ /l/ /īm/

/līm/ /līm/ /līm/ /līm/ /līm/ /līm/

Let's say together. /līm/ /līm/ /līm/

함께 말해보자.

★★ 반복한다.

–ike : bike / hike

–ide : wide / side

–ine : nine / fine

Rhyming words with long vowel o sound:
-ope: hope / rope
-oke : joke / poke
-one : bone / tone
-ole : mole / hole

★★ VCe V에 o 카드를, C에 p 카드를, e에 e 카드를 동시에 보여주며

Let's blend the sounds.

소리를 합해보자.

/ō/ /p/ /ō/ /p/ /ō/ /p/
/ōp/ /ōp/ /ōp/ /ōp/ /ōp/ /ōp/

★★ h 카드와 VCe V에 o 카드를, C에 p 카드를, e에 e 카드를 동시에 보여주며

/h/ /ōp/ /h/ /ōp/ /h/ /ōp/ /h/ /ōp/ /h/ /ōp/ /h/ /ōp/
/hōp/ /hōp/ /hōp/ /hōp/ /hōp/ /hōp/
Let's say together. /hōp/ /hōp/ /hōp/

함께 말해보자.

★★ r 카드와 VCe V에 o 카드를, C에 p 카드를, e에 e 카드를 동시에 보여주며

/r/ /ōp/ /r/ /ōp/ /r/ /ōp/ /r/ /ōp/ /r/ /ōp/ /r/ /ōp/
/rōp/ /rōp/ /rōp/ /rōp/ /rōp/ /rōp/
Let's say together. /rōp/ /rōp/ /rōp/

함께 말해보자.

★★ 반복한다.
–oke : joke / poke
–one : bone / tone
–ole : mole / hole

Listening

Listen to the long vowel i song. 장모음 i song을 들어보자.

★★ 영상 보기 : Long vowel i

Part2_Lesson14_Long Vowel i

What do you hear from the song? 노래에서 무얼 들었니?

Rice, bike, smile, and light.

Great! Very good job! 좋아! 아주 잘했어!

Listen to the long vowel o song. 장모음 o song을 들어보자.

★★ 영상 보기 : Long vowel o

Part2_Lesson14_Long Vowel o

What do you hear from the song? 노래에서 무얼 들었니?

Rose, hose, phone, and rope.

Great! Very good job! 좋아! 아주 잘했어!

Reading

★★ Pre K 레벨의 리더스북을 읽으면서 아이 스스로 today's letters를 찾는 시간을 갖는다.
★★ 교재 : 〈Now I'm Readin〉 시리즈 Level 2 'MICE ON ICE' 활용
★★ 책 표지를 보여주며

Look at the cover. 표지를 봐.

What do you see? 뭐가 보이니?

Ice.

Good job! 잘했어!

★★ 책을 펼치며

1. I'm going to read this book.

이 책을 읽어줄게.

Listen carefully.

잘 들어봐.

★★ 책 전체를 읽어준다.

★★ 다시 책 첫 페이지를 펼치며

2. When I point to a word, let's read it together.

단어를 가리키면, 그 단어를 같이 읽어보자.

★★ 장모음 i를 포함하는 단어를 찾아 함께 읽는다.

★★ 다시 책 첫 페이지를 펼치며

3. When you see the word that has long vowel 'i', read it.

장모음 i를 포함하는 단어를 보면, 그 단어를 읽어봐.

★★ 다시 책 첫 페이지를 펼치며

4. If you find the word that has long vowel 'i', circle the word.

장모음 i를 포함하는 단어를 찾으면 동그라미 하렴.

Closing

Practice today's conversation expressions

When I ask you, "What can you do?", then you say what you can do.

"What can you do?", "너는 무엇을 할 수 있니?"라고 물으면, 네가 할 수 있는 걸 말해주렴.

What can you do?

I can run.

What can you do?

I can hop.

When I ask you, "Can you…?", then you say "Yes, I can." or "No, I can't."

"Can you…?", "~할 수 있니?" 라고 물으면, "Yes, I can."이나 "No, I can't."로 대답하렴.

Can you run?

Yes, I can.

Can you swim?

No, I can't.

Review today's letter sounds

Let's sing long vowel i chant.

장모음 i의 챈트를 불러보자.

i makes a long sound /ī/ /ī/ time.
i makes a long sound /ī/ /ī/ bike.
i makes a long sound /ī/ /ī/ wide.
i makes a long sound /ī/ /ī/ nine.

Let's sing long vowel o chant.

장모음 o의 챈트를 불러보자.

o makes a long sound /ō/ /ō/ hope.
o makes a long sound /ō/ /ō/ bone.
o makes a long sound /ō/ /ō/ joke.
o makes a long sound /ō/ /ō/ mole.

See you again next time.

다음 시간에 또 만나자.

Bye.

안녕.

Lesson 15

Long Vowel u와 미국 음식

목표

- 장모음 u의 음소를 인식하고 듣고 읽을 수 있다.
- 장모음 a, e, i, o, u를 복습한다.
- Top 5 American Foods를 알아보고 Peanut Butter & Jelly Sandwich 노래를 간단한 율동과 함께 부를 수 있다.

준비물

- □ 집중할 수 있는 시간 단 30분
- □ 알파벳 카드, VCe 카드, 동영상, 파닉스 리더스북
- □ peanut butter & jelly sandwich 재료(땅콩버터, 포도잼, 식빵 두 조각, 접시, 스프레더)
  - 알파벳 카드는 아래에서 다운받아 활용하세요.
    한빛라이프 홈페이지 www.hanbit.co.kr/life→자료실
  - VCe 카드를 만드는 방법은 168쪽을 참고하세요.

이렇게 공부해요

Warming up(3분) :

Love Grows One by One 노래 부르기

Single Letter Sounds 챈트 부르기

Short Vowel Sounds 챈트 부르기

Opening(7분) :

Today's Letters : Long Vowel u

Today's Special : Peanut Butter & Jelly Sandwich

Body(15분) :

Long Vowel Sound u : 장모음 u의 VCe 패턴 이해

Rhyming words with long vowel u sound:

–ube : cube / tube, –ude : rude / dude, –une : dune / tune,

–ute : cute / mute

Listening : 동영상을 활용해 letter–sound 반복 청취

Reading : Pre K 레벨의 쉬운 리더스북 읽기, 〈Now I'm Reading〉 시리즈 Level 2를 활용

해 아이 스스로 today's letters를 찾는 시간을 갖는다.

– 〈Now I'm Reading〉 시리즈 Level 2 'MULE MUSIC' 활용

Closing(5분) :

Review today's letter sounds and peanut butter & jelly sandwich 만들기

Hello. How are you today? 안녕, 오늘 기분이 어떠니?

I'm fine. 좋아요.

Good. Let me begin. 좋아. 시작하자.

Warming up

Let's sing and dance. 노래하며 춤추자.

★★ 'Love Grows One by One' 노래와 율동으로 수업 시작을 알린다.

Let's sing single letter sounds chant. 알파벳 챈트를 불러보자.

a /a/ apple, **b** /b/ book, **c** /k/ cat,
d /d/ dog, **e** /e/ elephant, **f** /f/ fish,
g /g/ gorilla, **h** /h/ hat, **i** /i/ igloo,
j /j/ juice, **k** /k/ king,
l /l/ lion, **m** /m/ moon, **n** /n/ nut,
o /o/ ostrich, **p** /p/ pig,
qu /kw/ queen, **r** /r/ rabbit, **s** /s/ sun,
t /t/ tiger, **u** /u/ umbrella, **v** /v/ violin,
w /w/ watch, **x** /ks/ box, **y** /y/ yo-yo,
z /z/ zebra

Let's sing short vowel sounds chant. 단모음 챈트를 해보자.

a makes a short sound /a/ /a/ cat.
e makes a short sound /e/ /e/ pet.
i makes a short sound /i/ /i/ pig.
o makes a short sound /o/ /o/ hot.
u makes a short sound /u/ /u/ sun.

Opening

Today's Letters: Long Vowel u

Listen carefully. /u/ /u/ /u/	잘 들어봐. /u/ /u/ /u/
★★ VCe V에 u 카드를 보여주며	
What letter is it?	이 글자는 뭘까?
u	u예요.
It makes a sound. /u/ /u/ /u/	u는 /u/ /u/ /u/ 소리가 나.
Listen carefully. /b/ /b/ /b/	잘 들어봐. /b/ /b/ /b/
★★ VCe C에 b 카드를 보여주며	
What letter is it?	이 글자는 뭘까?
b	b예요.
Let's blend the sounds.	소리를 합해보자.
★★ VCe V에 u 카드와 C에 b 카드를 동시에 보여주며	
/u/ /b/ /u/ /b/ /u/ /b/ /ub/ /ub/ /ub/ /ub/ /ub/ /ub/ /ub/	
★★ VCe e에 e 카드를 보여주며	
This e is super e.	이 e는 super e야.
Super e makes vowels say their name.	super e는 모음을 알파벳 이름으로 소리 나게 해.
What letter is it?	이 글자는 뭘까?
u	u예요.

Super e makes u say its name /ū/. | super e는 u를 /ū/ 소리 나게 해.

★★ VCe V에 u 카드와 e에 e 카드를 동시에 보여주며

/ū/ /ū/ /ū/ /ū/ /ū/ /ū/

Let's say together. /ū/ /ū/ /ū/ | 함께 말해보자.

★★ VCe V에 u 카드를, C에 b 카드를, e에 e 카드를 동시에 보여주며

Let's blend the sounds. | 소리를 합해보자.

/ū/ /b/ /ū/ /b/ /ū/ /b/

/ūb/ /ūb/ /ūb/ /ūb/ /ūb/ /ūb/

Today's Special:
Peanut Butter & Jelly Sandwich

I am going to introduce top 5 American foods to you. | 미국의 5대 음식에 대해 소개할게.

French fries

Peanut butter & jelly sandwich.

Apple pie

Fried chicken

Hamburger

We are going to learn how to make a peanut butter & jelly sandwich. | 피넛 버터&젤리 샌드위치 만드는 법을 배워볼 거야.

Watch the video file. | 동영상을 보자.

★ 영상 보기 : The Peanut Butter & Jelly Song

Part2_Lesson15_The Peanut Butter & Jelly Song

What do you hear from the song? | 노래에서 무얼 들었니?

Peanut butter, grape jelly, bread, crunch, squish, spread, eat, and sandwich.

Great! Very good job! | 좋아! 아주 잘했어!

Body

Today's Letters:
Long Vowel u

What letter is it? | 이 글자는 뭘까?

u | u예요.

Super e makes u say its name /ū/. | super e는 u를 /ū/ 소리 나게 해.

★★ VCe V에 u 카드와 e에 e 카드를 동시에 보여주며

/ū/ /ū/ /ū/ /ū/ /ū/ /ū/
Let's say together. /ū/ /ū/ /ū/ | 함께 말해보자.

★★ VCe V에 u 카드를, C에 b 카드를, e에 e 카드를 동시에 보여주며

Let's blend the sounds. | 소리를 합해보자.

/ū/ /b/ /ū/ /b/ /ū/ /b/
/ūb/ /ūb/ /ūb/ /ūb/ /ūb/ /ūb/

★★ 반복한다. ude / une / ute

Rhyming words with long vowel u sound:
-ube : cube / tube
-ude : rude / dude
-une : dune / tune
-ute : cute / mute

★★ VCe V에 u 카드를, C에 b 카드를, e에 e 카드를 동시에 보여주며

Let's blend the sounds. 소리를 합해보자.

/ū/ /b/ /ū/ /b/ /ū/ /b/
/ūb/ /ūb/ /ūb/ /ūb/ /ūb/ /ūb/

I have some words with /ūb/ sound. /ūb/ 소리로 끝나는 단어가 있어.

★★ c 카드와 VCe V에 u 카드를, C에 b 카드를, e에 e 카드를 동시에 보여주며

/k/ /ūb/ /k/ /ūb/ /k/ /ūb/ /k/ /ūb/ /k/ /ūb/ /k/ /ūb/
/kūb/ /kūb/ /kūb/ /kūb/ /kūb/ /kūb/
Let's say together. /kūb/ /kūb/ /kūb/ 함께 말해보자.

★★ t 카드와 VCe V에 u 카드를, C에 b 카드를, e에 e 카드를 동시에 보여주며
/t/ /ūb/ /t/ /ūb/ /t/ /ūb/ /t/ /ūb/ /t/ /ūb/ /t/ /ūb/
/tūb/ /tūb/ /tūb/ /tūb/ /tūb/ /tūb/
Let's say together. /tūb/ /tūb/ /tūb/ 함께 말해보자.
★★ 반복한다.
–ude : rude / dude
–une : dune / tune
–ute : cute / mute

Listening

Listen to the long vowel u song. 장모음 u song을 들어보자.

★ 영상 보기 : Long vowel u song

Part2_Lesson15_Long Vowel u

What do you hear from the song? 노래에서 무얼 들었니?

Use, June, cute, cube, tube, and rude.

Great! Very good job! 좋아! 아주 잘했어!

Listen to the long vowel song. 장모음 song을 들어보자.

★ 영상 보기 : Long vowel song

Part2_Lesson15_Long Vowel Song

What do you hear from the song? 노래에서 무얼 들었니?

Cake, date, name, kite, mile, size, note, home, bone, June, tube, and rule.

Great! Very good job! 좋아! 아주 잘했어!

Reading

★★ Pre K 레벨의 리더스북을 읽으면서 아이 스스로 today's letters를 찾는 시간을 갖는다.
★★ 교재 : 〈Now I'm Reading〉 시리즈 Level 2 'MULE MUSIC'

★★ 책 표지를 보여주며

Look at the cover. 표지를 봐.

What do you see? 뭐가 보이니?

Mule.

Good job! — 잘했어!

★★ 책 표지를 펼치며

1 I'm going to read this book. — 이 책을 읽어줄게.

Listen carefully. — 잘 들어봐.

★★ 책 전체를 읽어준다.

★★ 다시 책 첫 페이지를 펼치며

2 When I point to a word, let's read it together. — 단어를 가리키면, 그 단어를 같이 읽어보자.

★★ 장모음 u를 포함하는 단어를 찾아 함께 읽는다.

★★ 다시 책 첫 페이지를 펼치며

3 When you see the word that has long vowel 'u', read it. — 장모음 u를 포함하는 단어를 보면, 그 단어를 읽어봐.

★★ 다시 책 첫 페이지를 펼치며

4 If you find the word that has long vowel 'u', circle the word. — 장모음 u를 포함하는 단어를 찾으면 동그라미 하렴.

Closing

Review today's letter sounds

Let's sing long vowel u chant. — 장모음 u의 챈트를 해보자.

u makes a long sound /ū/ /ū/ cube.
u makes a long sound /ū/ /ū/ cute.
u makes a long sound /ū/ /ū/ dune.
u makes a long sound /ū/ /ū/ rude.

Review today's song

Let's sing the peanut butter & jelly song.

피넛 버터& 젤리 샌드위치 노래를 불러보자.

Chorus:
Peanut, peanut butter, and jelly!
Peanut, peanut butter, and jelly!

코러스 :
땅콩, 땅콩 버터, 그리고 젤리!
땅콩, 땅콩 버터, 그리고 젤리!

First you take the peanuts and you crunch 'em, you crunch 'em.
(Chorus)
Then you take the grapes and you squish 'em, you squish 'em.
(Chorus)
Then you take the bread and you spread 'it, you spread 'it.
(Chorus)
Then you take the sandwich and you eat 'it, you eat 'it.

먼저 땅콩을 가져와서, 그 땅콩을 부순다.
(코러스)
그런 다음 포도를 가져와서, 그 포도를 짠다.
(코러스)
그런 다음 빵을 가져와서, 빵에다 바른다.
(코러스)
그런 다음 샌드위치를 가지고, 먹는다.

★★ 율동

Crunch: crunch something between your hands

양손으로 부순다.

Squish: squish something between your hands

양손으로 짠다.

Spread: use one hand to spread peanut butter or jam over other hand

한 손으로 다른 손에 땅콩 버터나 잼을 바른다.

Eat: pretend to eat	먹는 척한다.
Chorus	코러스
Peanut, peanut butter: shake both hands over the right.	양손을 오른쪽 위에서 흔든다.
And jelly: drop both hands down to the left.	양손을 왼쪽 아래로 떨어뜨린다.

★★ 피넛 버터와 젤리 샌드위치 노래 가사 출처:

Part2_Lyrics : Part2_Lesson15_The Peanut Butter & Jelly Lyrics

★★ 실제로 만들어 먹는다.

See you again next time.	다음 시간에 또 만나자.
Bye.	안녕

Lesson 15

Lesson 16 미래 직업을 묻는 표현과 총 복습

목표

■ "What do you want to be (in the future)?"라는 질문에 간단히 응답할 수 있다.

■ 16차시 수업을 정리한다.

준비물

□ 집중할 수 있는 시간 단 30분

□ 알파벳 카드, CVC 카드, VCe 카드, 동영상, 표정 그림 카드, 날씨 그림 카드, 가족사진 워크시트, 문구류, 간식, 장난감 시계

- 알파벳 카드는 아래에서 다운받아 활용하세요.
  한빛라이프 홈페이지 www.hanbit.co.kr/life→자료실
- CVC 카드, VCe 만드는 방법은 168쪽을 참고하세요.

이렇게 공부해요

Warming up(2분) :

Love Grows One by One 노래 부르기

Opening(3분) :

Today's Conversation Expressions :

– What do you want to be (in the future)?

Body(20분) :

Review conversation expression

1. Greetings(인사말)
2. How 의문문
3. Who 의문문
4. What 의문문
5. Where 의문문
6. Yes/No 의문문
7. 소유격 / 소유대명사
8. 행동동사
9. 시간을 묻는 표현

10. 미래 직업을 묻는 표현

Closing(5분) :

Review letter sounds

Single Letter Sounds 챈트 부르기

Short Vowel Sounds 챈트 부르기

Long Vowel Sounds 챈트 부르기

Hello. How are you today? 안녕, 오늘 기분이 어떠니?

I'm fine. 좋아요.

Good. Let me begin. 좋아. 시작하자.

Warming up

Let's sing and dance. 노래하며 춤추자.

★★ 'Love Grows One by One' 노래와 율동으로 수업 시작을 알린다.

Opening

Today's Conversation Expressions:
What do you want to be (in the future)?

Watch the video file. 동영상을 보자.

★ 영상 보기 : Jobs song

Part2_Lesson16_Jobs Song

What do you hear from the video? 영상에서 무얼 들었니?

What do you want to be in the future? I want to be an English teacher.

Great! Very good job! 좋아! 아주 잘했어!

Body

Review Conversation Expressions

1. Greetings(인사말)

In the morning, 아침에는

A: Good morning.

B: Good morning.

In the afternoon, 오후에는

A: Good afternoon.

B: Good afternoon.

In the evening, 저녁에는

A: Good evening.

B: Good evening.

Before you go to bed, 잠자기 전에

A: Good night.

B: Good night.

At the first time we met, 처음 만났을 때

A: Nice to meet you.

B: Nice to meet you.

When we part,

A: Good bye. See you.

B: Good bye. See you.

헤어질 때

When I'm thankful,

A: Thank you.

B: You're welcome.

고마울 때

When I'm sorry,

A: I'm sorry.

B: That's okay.

미안할 때

2. How 의문문

Look at the picture and answer the question.

그림을 보고 질문에 대답하렴.

★★ 표정 그림을 보여주면서

How are you?

I'm happy.

★★ 표정 그림을 보여주면서

How are you?

I'm sad.

★★ 표정 그림을 보여주면서

How are you?

I'm angry.

★★ 표정 그림을 보여주면서

How are you?

I'm tired.

★★ 표정 그림을 보여주면서

How are you?

I'm hungry.

Look at the picture and answer the question.

그림을 보고 질문에 대답하렴.

★★ 날씨 그림을 보여주면서

How's the weather today?

It's sunny.

★★ 날씨 그림을 보여주면서

How's the weather today?

It's windy.

★★ 날씨 그림을 보여주면서

How's the weather today?

It's cloudy.

★★ 날씨 그림을 보여주면서

How's the weather today?

It's rainy.

★★ 날씨 그림을 보여주면서

How's the weather today?

It's snowy.

3. Who 의문문

Look at the picture and answer the question.

그림을 보고 질문에 대답하렴.

★★ 가족사진 속 할아버지를 가리키며

Who is this?

Grandpa.

★★ 가족사진 속 할머니를 가리키며

Who is this?

Grandma.

★★ 가족사진 속 엄마를 가리키며

Who is this?

Mom.

★★ 가족사진 속 아빠를 가리키며

Who is this?

Dad.

★★ 가족사진 속 형(오빠)을 가리키며

Who is this?

Brother.

★★ 가족사진 속 언니(누나)를 가리키며

Who is this?

Sister.

Please answer with personal pronouns, he or she.

'he'나 'she'를 사용해서 대답해봐.

★★ 가족사진 속 할아버지를 가리키며

Who is he?

He is my grandpa.

★★ 가족사진 속 할머니를 가리키며

Who is she?

She is my grandma.

★★ 가족사진 속 엄마를 가리키며

Who is she?

She is my mom.

★★ 가족사진 속 아빠를 가리키며

Who is he?

He is my dad.

★★ 가족사진 속 형(오빠)을 가리키며

Who is he?

He is my brother.

★★ 가족사진 속 언니(누나)를 가리키며

Who is she?

She is my sister.

4. What 의문문

★★ 볼펜, 연필, 지우개, 자, 필통 등 문구류를 아이 가까이 순서대로 놓고
★★ 펜을 가리키며

What's this?

This is a pen.

★★ 연필을 가리키며

What's this?

This is a pencil

★★ 자를 가리키며

What's this?

This is a ruler.

★★ 지우개를 가리키며

What's this?

This is an eraser.

★★ 필통을 가리키며

What's this?

This is a pencil case.

★★ 볼펜, 연필, 지우개, 자, 필통 등 문구류를 아이 멀찍이 순서대로 놓고
★★ 펜을 가리키며

What's that?

That is a pen.

★★ 연필을 가리키며

What's that?

That is a pencil.

★★ 자를 가리키며

What's that?

That is a ruler.

★★ 지우개를 가리키며

What's that?

That is an eraser.

★★ 필통을 가리키며

What's that?

That is a pencil case.

5. Where 의문문

★★ 빈 상자를 들고 손 유희를 보여준다.
in(안), on(위, 상자가 닿도록), under(아래), over(위, 상자가 닿지 않게), in front(앞), behind(뒤)

Look at my hand and answer the question.

손을 보고 질문에 대답하렴.

★★ 상자 안을 가리키며

Where is the monkey?

It is in the box.

★★ 상자 위를 가리키며(손이 상자에 닿도록)

Where is the monkey?

It is on the box.

★★ 상자 아래를 가리키며(손이 상자에 닿지 않도록)

Where is the monkey?

It is under the box.

★★ 상자 위를 가리키며(손이 상자에 닿지 않도록)

Where is the monkey?

It is over the box.

★★ 상자 앞을 가리키며

Where is the monkey?

It is in front of the box.

★★ 상자 뒤를 가리키며

Where is the monkey?

It is behind the box.

6. Yes/No 의문문

★★ 펜을 가리키며

Is it a pen?

Yes, it is.

★★ 연필을 가리키며

Is it a pen?

No, it isn't.

★★ 자를 가리키며

Is it a ruler?

Yes, it is.

★★ 지우개를 가리키며

Is it a ruler?

No, it isn't.

★★ 바나나를 가리키며

Do you like it?

Yes, I do.

★★ 사과를 가리키며

Do you like it?

No, I don't.

★★ 사탕을 가리키며

Do you like it?

Yes, I do.

★★ 초콜릿을 가리키며

Do you like it?

No, I don't.

7. 인칭대명사

★★ 펜을 가리키며

Is it your pen?

Yes, it is. It's mine.

★★ 연필을 가리키며

Is it my pencil?

No, it isn't. It's mine.

★★ 자를 가리키며

Is it your ruler?

Yes, it is. It's mine.

★★ 필통을 가리키며

Is it my pencil case?

No, it isn't. It's mine.

8. 행동동사

What can you do?

I can run.

What can you do?

I can hop.

When I ask you, "Can you ...?", then you say "Yes, I can." or "No, I can't."

"Can you ...?"라고 물으면, "Yes, I can."이나 "No, I can't."로 대답하렴.

Can you run?

Yes, I can.

Can you swim?

No, I can't.

9. 시간을 묻는 표현

★★ 1시를 나타내며

What time is it now?

It is one o'clock.

★★ 2시를 나타내며

What time is it now?

It is two o'clock.

★★ 3시를 나타내며

What time is it now?

It is three o'clock.

★★ 4시를 나타내며

What time is it now?

It is four o'clock.

★★ 5시를 나타내며

What time is it now?

It is five o'clock.

★★ 6시를 나타내며

What time is it now?

It is six o'clock.

★★ 7시를 나타내며

What time is it now?

It is seven o'clock.

★★ 8시를 나타내며

What time is it now?

It is eight o'clock.

★★ 9시를 나타내며

What time is it now?

It is nine o'clock.

★★ 10시를 나타내며

What time is it now?

It is ten o'clock.

★★ 11시를 나타내며

What time is it now?

It is eleven o'clock.

★★ 12시를 나타내며

What time is it now?

It is twelve o'clock.

10. 미래 직업을 묻는 표현

What do you want to be in the future?

I want to be an engineer.

Closing

Review Letter Sounds

Let's sing single letter sounds chant.

알파벳 챈트를 불러보자.

a /a/ apple, **b** /b/ book, **c** /k/ cat,
d /d/ dog, **e** /e/ elephant, **f** /f/ fish,
g /g/ gorilla, **h** /h/ hat, **i** /i/ igloo,
j /j/ juice, **k** /k/ king,
l /l/ lion, **m** /m/ moon, **n** /n/ nut,
o /o/ ostrich, **p** /p/ pig,
qu /kw/ queen, **r** /r/ rabbit, **s** /s/ sun,
t /t/ tiger, **u** /u/ umbrella, **v** /v/ violin,
w /w/ watch, **x** /ks/ box, **y** /y/ yo-yo,
z /z/ zebra

Let's sing short vowel sounds chant.

단모음 챈트를 불러보자.

a makes a short sound /a/ /a/ cat.
e makes a short sound /e/ /e/ pete.
i makes a short sound /i/ /i/ pig.
o makes a short sound /o/ /o/ dog.
u makes a short sound /u/ /u/ sun.

Let's sing long vowel sounds chant.

장모음 챈트를 해보자.

a makes a long sound /ā/ /ā/ cake.
e makes a long sound /ē/ /ē/ pete.
i makes a long sound /ī/ /ī/ bike.
o makes a long sound /ō/ /ō/ rose.
u makes a long sound /ū/ /ū/ cube.

We've just finished 16 classes.

16차시 수업을 마친다.

Bye.

안녕.

: 이 책에서 활용한 사이트, 동영상 QR 코드 한번에 보기 :

Part 1

한빛라이프 자료실

워크넷 직업 진로(무료)

한국가이던스(유료)

미국 공영 방송 PBS Kids

영국 BBC 어린이 방송 CBeebies

작가 마이클 로젠 낭독 : 〈We're going on a bear hunt〉

키즈클럽 사이트

영어공부 추천 사이트(미국 엄마, 프리스쿨 선생님들 추천 사이트)

스티브잡스 스탠포드 연설문 보기

수민이의 스티브잡스 연설 따라하기 일부 보기

BTS RM의 유엔 연설

TED Talk 사이트

TED 강연 : Inside the Mind of a Master Procrastinator

TED 강연 : The art of bow-making

TED 강연 : There's more to life than being happy

BBC learning English 사이트

Part 2

Lesson 01

Love Grows One by One 노래

노래 가사 율동 영문 설명

Love Grows One by One 율동

Lesson 02

Hello Song

How's the weather?

Letter A, a

Letter B, b

Letter C, c

Lesson 03

The Greetings Song

Basic Greeting Song

Letter D, d

Letter E, e

Letter F, f

Lesson 04

가족 사진 워크시트

Family Tree_Family Song

Personal pronouns_I am,
You are song

Letter G, g

Letter H, h

Letter I, I

Lesson 05

ABC song1

Letter J, j

Letter K, k

Letter L, l

Lesson 06

What's this?
What's that? song

Letter M, m

Letter N, n

Letter O, o

Lesson 07

Is it a -? / No, it isn't. /
What is it?

Letter P, p

Letter Q, q

Letter R, r

Lesson 08

Mine and Yours song

Letter S, s

Letter T, t

Letter U, u

Letter V, v

Lesson 09

ABC Song_대문자, 소문자, 발음

Letter W, w

Letter X, x

Letter Y, y

Letter Z, z

Lesson 10

Where's the monkey?_ where 의문문

Location Prepositions

Rhyme Time1

Rhyming Time2

A song

Lesson 11

What time is it?

Numbers help me count 1-20

Short vowel e

Short vowel I

Lesson 12

Short vowel o

Short vowel u

단어 찾기 게임판

Lesson 13

Do you like it song

Super e

Long vowel a

Lesson 14

Learn Action Verbs

What can you do Song

Long vowel i

Long vowel o

Lesson 15

The Peanut Butter &
Jelly Song

Long vowel u song

Long vowel song

피넛 버터와
젤리 샌드위치 노래 가사 출처

Lesson 16

Jobs song

공부가 아닌, 즐거운 놀이가 되는 영어

“내 아이는 영어로 행복하길 바랍니다.”